生活垃圾集装化
智慧管控及转运
300问

张美兰　陈跃卫　主　编

赵　怡　王　岭　陆　庆　聂剑文　副主编

化学工业出版社

·北京·

内容简介

本书依托上海市生活垃圾分类运输处置管理控制系统项目，总结了上海老港废弃物处置有限公司在系统开发设计、系统建设、运行使用、日常维护等方面的应用及管理经验。本书将信息化系统设计逻辑与实际运营管理相结合，采用一问一答的形式，分享了分类生活垃圾实现精准调度、智慧运营、全程追溯的高效管理模式。

本书可供生活垃圾处理行业现场从业人员和行业管理人员使用，也可供分类生活垃圾末端处置数字化转型的企业人员阅读参考。

图书在版编目（CIP）数据

生活垃圾集装化智慧管控及转运 300 问/张美兰，陈跃卫主编；赵怡等副主编. —北京：化学工业出版社，2023.6

ISBN 978-7-122-43349-7

Ⅰ.①生… Ⅱ.①张… ②陈… ③赵… Ⅲ.①生活废物-垃圾处理-上海-问题解答 Ⅳ.①X799.305-44

中国国家版本馆 CIP 数据核字（2023）第 091499 号

责任编辑：徐　娟　　　　　　文字编辑：冯国庆
责任校对：李　爽　　　　　　装帧设计：韩　飞

出版发行：化学工业出版社（北京市东城区青年湖南街 13 号　邮政编码 100011）
印　　装：涿州市般润文化传播有限公司
710mm×1000mm　1/16　印张15　字数346千字　2023 年 7 月北京第 1 版第 1 次印刷

购书咨询：010-64518888　　　售后服务：010-64518899
网　　址：http://www.cip.com.cn
凡购买本书，如有缺损质量问题，本社销售中心负责调换。

定　价：98.00 元　　　　　　　　　　　　　　版权所有　违者必究

编写人员名单

主　编： 张美兰　陈跃卫

副主编： 赵　怡　王　岭　陆　庆　聂剑文

编写组成员（按姓氏拼音顺序）：

曹跃华	陈　晨	陈春春	陈玉怡	董　辉	杜学勋
段永锋	丁　尧	方　飚	顾慧清	黄　皇	季　华
季佳豪	李超强	凌　丹	刘贵云	刘先凯	卢　明
陆　庆	陆樱姿	罗佳杰	毛永军	毛忠荣	缪春霞
倪宇晟	潘　兵	潘常峰	潘丹华	钱春军	乔　涛
秦胜男	邵　俊	沈　洁	沈少锋	施韶峰	谈跃清
唐　佶	唐超尘	唐培华	唐文荣	王　晨	王　海
王春荣	王佳吉	卫益民	奚　磊	夏　平	夏荣伟
徐晓霞	杨晓明	姚　勇	尹志红	张　军	周　钰
朱集峰	朱利忠	祝佳成			

　　上海老港废弃物处置有限公司（以下简称老港处置公司）隶属于上海城投环境（集团）有限公司，位于上海市浦东新区老港镇东首老港生态环保基地内，注册资本 1.3 亿元人民币。2009 年，上海市政府批准了《老港固体废弃物综合利用基地规划》（沪府规【2009】117 号），基地总面积约 29.5 平方千米，其中基地范围为 15.3 平方千米，规划建设控制范围为 14.2 平方千米，是上海市处理生活垃圾的战略处置基地。

　　老港处置公司为专业从事固体废弃物处置的企业，运营设施主要有生物能源再利用中心一期、生物能源再利用中心二期、再生建材利用中心、老港渗沥液处理厂、综合填埋场、老港四期填埋场等，业务范围涵盖装卸运输、填埋处置、污水处理、废弃物资源综合利用技术开发、除臭、除虫害、工程机械维修、绿化养护等方面，配备各类生产及环保设备 300 余台，承担着上海 50% 的固体废物末端处理和资源化重任。老港处置公司自投运以来，迄今已累计处理各类城市固体废物逾 1 亿吨，是目前国内规模最大的无害化、资源化、生态型废弃物处置基地。

　　2019 年 7 月 1 日上海市正式实施《上海市生活垃圾管理条例》，标志着上海市的生活垃圾处置进入一个全民分类、精确运输、无害处置、资源利用的绿色生态时代。老港处置公司需要有多样、完整的垃圾处置设施，才能充分发挥在确保城市安全运营中的托底保障作用。在老港处置公司向精益管理、协同生产模式发展的迫切需求的背景下，打造一个智慧管控韧性体系以赋能传统产业转型升级，催生新产业、新业态、新模式的建设需求，建成以自动管控为主，人工指挥为辅的管控体系，以满足固体废物港口全产业链生产作业调度，实现集装化分类生活垃圾数字化智能转运和全流程跟踪，让生产资源实时共享、互联，为精益管理提供分析数据，为管理决策提供依据。

　　本书依托上海市生活垃圾分类运输处置管理控制系统，从生产、设备、安全、环保等多个角度出发，梳理并分享了系统开发需求调研、实施、上线应用、运维保障的经验及成果。本书采用一问一答的形式进行编写。全书共 5 章，分别为概述与项目背景、需求分析及系统设计、系统建设及应用、系统运维、系统应用成效，内容囊括了基础理论知识、系统设计规则、运营实践经验，是理论与实践相结合的产物。

本书由老港处置公司从事生活垃圾集装化运营管理的人员及经验丰富的一线人员共同编写而成。由于时间和水平有限，书中疏漏和不当之处在所难免，恳请读者斧正。

编者
2023 年 1 月

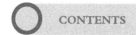

CONTENTS 目录

第1章

概述与项目背景

1-1 问：上海市生活垃圾分类对垃圾末端处置带来什么历史性变革？

答：垃圾分类的目的是提高垃圾的资源价值和经济价值，减少垃圾处理量和处理设备的使用，降低处理成本，减少土地资源的消耗，具有社会、经济、生态等几方面的效益。2019年7月1日上海市正式实施《上海市生活垃圾管理条例》，标志着上海市的生活垃圾处置进入一个全民分类、精确运输、无害处置、资源利用的绿色生态时代。自生活垃圾分类以后，上海老港废弃物处置有限公司（以下简称老港处置公司）作为全品类固体废弃物（以下简称固废）分类处理和资源化的托底保障企业，对分类垃圾的精确管控为促进生活垃圾末端处置提供重要保障，通过建立数"智"集运，实现了分类垃圾精准定位、智能派位，末端资源化、减量化、无害化的科学处置，形成全流程管理，接好城市生活垃圾分类的最后接力棒。2021年11月21日上海市成功实现原生生活垃圾"零填埋"，是城市生活垃圾分类处置成果的里程碑之一。

1-2 问：生活垃圾如何实现集装化分类？

答：集装化是指将生活垃圾压缩到专用的20ft（1ft＝0.3048m，下同）垃圾集装箱内，可有效提高单位体积垃圾装载量，提高运输效率。2009年10月16日，上海市市区生活垃圾内河集装化转运在老港处置公司北码头正式开通，该作业模式借助现代陆上运输及港口管理经验，充分发挥陆上运输机动灵活、水上运输低碳经济的优势，实现生活垃圾集运标准化，有助于保证运输全程清洁环保，实现城市生活垃圾集装运输、水陆一体化。自《上海市生活垃圾管理条例》实施以来，集装箱按分类需求被分为干垃圾箱、厨余垃圾箱、餐厨垃圾箱三大类，投入生产运营的集装箱共有2300多个。在多物料、多箱型的模式下，对箱型的精确管控成为促进生活垃圾末端分类处置的重要保障。为了确保城市生活垃圾处置日产日清，迫切需要以分类集装箱为中心的管理向智能化管控转变。

1-3 问：生活垃圾集装化智慧管控体系建设背景是什么？

答：《中华人民共和国国民经济和社会发展第十四个五年规划和 2035 年远景目标纲要》第五篇中提出："迎接数字时代，激活数据要素潜能，推进网络强国建设，加快建设数字经济、数字社会、数字政府，以数字化转型整体驱动生产方式、生活方式和治理方式变革。"现代企业在推进数字化转型的进程中必须坚持整体性转变、全方位赋能、革命性重塑，不断夯实数字化发展基石，赋能企业高质量韧性发展。近年来，在老港处置公司的上级公司上海城投环境（集团）有限公司（以下简称城投环境）的带领下，老港处置公司提出建设一个以精准、高效、安全为目标，以分类集装箱的运转为主线的智慧管控体系。另外，随着对应分类垃圾末端处置设施越来越多，原来离散作业方式已无法满足末端处置运营及管理的需求，迫切需要整合基地内各处置场运输、生产处置、绿色环保等信息，所以老港处置公司向精益管理、协同生产模式发展已是必然的趋势。

1-4 问：传统企业在数字化转型中面临的难点及解决方法是什么？

答：在新发展态势下，为了打通各作业环节数据，实现生活垃圾集装化智慧管控及转运，首先要彻底转变传统企业经验型、传统型、保守型思维模式，坚决破除条条框框、各自为政、思维定势等束缚，这是对原作业模式的颠覆性变革。在这个阶段需要引导老港处置公司全体员工转变工作方法，不断学习新知识、新技能，进一步解放思想，从准确识变、科学应变到最后主动求变。其次，在利用信息化技术对业务流程再造、优化的过程中，必定会产生某些作业环节之间的分配矛盾或存在于各部门间的"阻碍墙"，这时就需要有一个宏观与细节相结合的整体设计，管理、人力、设备重新适配，各个岗位职能重新明确，作业流程重新梳理，兼顾质量、安全、效率，以系统指挥作业、系统调度资源来解决突出矛盾，实现全流程最优。所以数字化转型并不是一个或几个部门的事情，而是关乎老港处置公司整体战略的重大举措，需要全体员工明晰路径、分解任务，共同推进企业数字化发展。

1-5 问：术语解释

答：（1）设备方面术语

① 集装箱。集装箱是用于城市垃圾压缩后转运的一种标准密闭容器，用

以减少垃圾中间转运过程中的二次污染，提高转运效率。垃圾在中转压缩站被压缩装入集装箱，在末端处置设施处进行卸料。目前系统内应用的集装箱种类分为水平箱、兼容箱、餐厨箱。

② 桥式起重机。桥式起重机（以下简称桥吊）为岸边集装箱起重机，安装于生活垃圾内河集装化转运码头，是用于装卸生活垃圾集装箱的专用设备，可沿与岸线平行的轨道移动。

③ 船舶。船舶为装载集装箱进行内河转运的船只。

④ 集卡。集卡为装载集装箱进行运输的车辆，分为内集卡和外集卡，内集卡主要用于老港处置公司内部短驳运输，外集卡主要用于上海市区内至中转站或处置点运输。

⑤ 正面吊。正面吊是用于装卸集装箱的一种起重机，用于在码头后方堆场对集装箱堆叠和水平运输。

⑥ PLC。Programmable Logic Controller，即可编程逻辑控制器，是一种专为在工业环境下应用而设计的数字运算操作电子系统。

⑦ ICR。Intelligent Character Recognition，即智能字符识别，是先进的机器学习与图像识别技术。

⑧ ICG。Internet Control Gateway，即互联网控制网关，可以在各种网络协议间做报文转换。

⑨ CPE。Customer Premise Equipment，即客户前置设备，是一种接收移动信号并以无线信号（WiFi）转发出来的移动信号接入设备。

（2）生产作业方面术语

① 集运。集运是集装化生活垃圾装卸、运输的统称。

② 贝位。集装箱在码头堆场或船舶上的位置标号，分为三部分：贝位、排、层。

③ 海侧。码头作业为双车道，其中海侧为靠近船舶靠泊内河一侧的车道。

④ 陆侧。码头作业为双车道，其中陆侧为靠近码头堆场区域一侧的车道。

⑤ 前伸距。码头堆场共6排，前伸距为靠近海侧第1～第4排。

⑥ 后伸距。码头堆场共6排，后伸距为靠近海侧第5排和第6排。

⑦ 提箱作业。提箱作业为集卡到指定桥吊装载集装箱的作业。

⑧ 卸箱作业。卸箱作业为集卡到指定桥吊卸载集装箱的作业。

⑨ 船到车作业。桥吊驾驶员从船舶上吊装集装箱到集卡的作业。

⑩ 船到场作业。桥吊驾驶员从船舶上吊装集装箱到码头堆场的作业。

⑪ 车到船作业。桥吊驾驶员从集卡车辆吊装集装箱到船舶上的作业。

⑫ 场到船作业。桥吊驾驶员从码头堆场上吊装集装箱到船舶上的作业，属于桥吊二次吊装。

⑬ 场到车作业。桥吊驾驶员从码头堆场吊装集装箱到集卡上的作业，属于桥吊二次吊装。

⑭ 车到场作业。桥吊驾驶员从集卡上吊装集装箱到码头堆场上的作业。

⑮ 场到场作业。桥吊驾驶员从堆场前伸距或后伸距吊装集装箱到堆场上其他位置的作业，属于桥吊二次吊装。

⑯ 干垃圾。干垃圾是除可回收垃圾、有害垃圾、厨余垃圾、餐厨垃圾以外的其他生活废弃物。

⑰ 厨余垃圾。厨余垃圾也称湿垃圾，是居民日常生活中主要在家庭厨房中产生的垃圾。

⑱ 餐厨垃圾。餐厨垃圾也称餐饮垃圾，是饮食服务、单位供餐等活动中产生的垃圾。

⑲ 干垃圾箱。干垃圾箱用于装载干垃圾的集装箱，分为水平箱和兼容箱，这两种箱型的区别为前端作业压缩方式和后门结构不同。

⑳ 厨余垃圾箱。厨余垃圾箱用于装载厨余垃圾，也称湿垃圾箱，其箱型为水平箱。

㉑ 餐厨垃圾箱。餐厨垃圾箱用于装载餐厨垃圾，也称餐饮垃圾箱，其箱型为液压式集装箱，具有良好的防漏性能。

㉒ 1$^\#$码头。也称东码头，有 7 台桥吊，77 个贝位，用于集装箱起卸装运作业。

㉓ 2$^\#$码头。也称南码头，用于各品类散装废弃物的起卸装运作业。

㉔ 3$^\#$码头。也称北码头，有 5 台桥吊，64 个贝位，用于集装箱起卸装运作业。

㉕ 生物能源再利用中心。简称生物能源、湿垃圾处理厂，主要处理厨余垃圾和餐厨垃圾，一期、二期已投入运营，处理总规模为 2500t/d，三期在建中，设计处理规模为 2000t/d。

㉖ 再生能源利用中心。简称焚烧厂，主要处理干垃圾，一期、二期已投入运营，处理总规模为 9000t/d。

㉗ 骨干网。骨干网是联通专网，用于系统生产作业、管理运营的数据信息传输，覆盖了城投环境总部及下辖各公司。

第2章
信息化功能需求 及系统设计

2.1 信息化功能需求

2-6 问：信息化管控范围是什么？

答：管控范围主要为老港处置公司管辖范围内以集装箱为主线的生产调度和相应的管理考核。其中生产调度主要涉及集装箱的码头装卸、短驳运输、清洗、维修保养，集卡、桥吊、洗箱设备、正面吊等与集装箱直接相关的生产设备的调度和维修保养。管理考核主要涉及集装箱的管理考核、作业量和作业规范率的考核、作业设备考核、作业人员的绩效考核。

2-7 问：信息化管控对象有哪些？

答：管控对象主要以集装箱为主，还有在运输、处置各环节的设备设施等，具体内容如下。

① 集装箱种类：干垃圾箱、厨余垃圾箱、餐厨垃圾箱。

② 集装箱状态：重箱、空箱、坏箱、漏箱、保养箱、报废箱、清洗箱、试验箱等。

③ 运输载体：船舶、陆运车辆。

④ 关键设备：内集卡、桥吊、正面吊、集装箱清洗设备、集卡清洗设备、计量设备、闸机。

⑤ 作业场所：集运 1# 码头、集运 3# 码头、老港四期填埋场、老港综合填埋场、再生能源利用中心一期、再生能源利用中心二期、生物能源再利用中心一期、生物能源再利用中心二期。

2-8 问：信息化管控目标是什么？

答：信息化系统的建设需实现生产调度管理功能、数据分析和考核管理功能。以实现集装箱的智能调度为核心，同时通过对作业人员的安全、绩效管控和对作业设备的技术状况、成本管控，加强信息化的可视性、可操作性、可维护性，确保作业和管理人员与信息化系统的"黏度"，提高工作流的运转效率。总体来说，信息化管控需实现四大目标。

① 智能调度：箱号（箱号为非标准格式：四位英文字符＋"-e"＋四位数字编码）、分类垃圾品类、集卡车号（车号为非标准格式：两位英文字符＋四位数字编码）、分配指令、优化调配。

② 精细管理：实时统计、分类管理、实时监督、实时监管。

③ 提升绩效：业务量与环境、业务量与安全、业务量与效益。

④ 实时结算：产量结算、能耗结算、收支结算、综合结算。

2-9 问：生活垃圾集运主要工艺流程是什么？

答：生活垃圾集运主要工艺流程如图 2-1 所示。

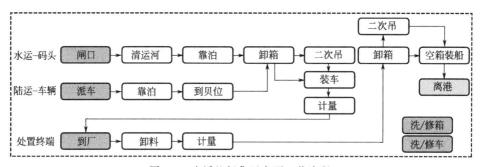

图 2-1 生活垃圾集运主要工艺流程

2-10 问：基础设施配置需求有哪些？

答：① 作业主干道路、作业点区基础网络全覆盖，各站点信息联动通畅。

② 中控室扩容，中控机房升级，符合计算机等保测评需求。

③ 监控系统全覆盖，并将作业码头所有监控系统统一接入中控室，设备

为高清摄像机，数据信息实时、无延迟，可储存，可操作。

④ 基地电子地图的应用，车辆定位跟踪，车、箱、场信息对应。

⑤ 硬件设备最少化，确保硬件设备的可靠性、升级的兼容性、维护的及时性。

2-11 问：**信息化系统管理层级及需求有哪些？**

答：为了提高信息化系统与涉及的相关作业和管理人员的"黏度"，应从人员的角度提出需求分析。系统涉及的人员主要包括直接作业人员、各环节生产管理人员、业务和资产管理部门、公司领导，其需求见表 2-1。

表 2-1　系统各管理层级及需求

管理层级	涉及部门	生产管控需求
决策管理层	公司领导层	智慧决策
运营管理	业务管理部 综合保障部（资产管理）	作业量的预估、设备配置、人员配置、作业量考核、环境控制考核、作业规范率考核
生产管理层	分公司、生物能源再利用中心的管理人员	生产计划制订、作业人员绩效考核、设备管理、成本管控、环境控制
生产作业层	集卡驾驶员、桥吊驾驶员、正面吊驾驶员、现场桥吊指挥人员、末端处置场相关人员、中控操作人员	作业指令正确接收、指令获取便捷有效、个人产量统计、个人作业效率最大化、特殊情况快速应急等

2-12 问：**业务和资产管理具体需求有哪些？**

答：（1）业务管理具体需求

① 末端处置量：即时查询各个末端处置点的处置量及产出物产生量，包括月度、年度等历史数据的分类筛选。

② 末端处置量日报：定制日常产量上报模版，每日定时发送至相关人员的手机端。

③ 信息传递：建设一个关于生产运营相关信息即时上报、传达、反馈的功能模块。

④ 码头：能即时查看每天各码头、各类垃圾吊装数据及吊具、人员配置情况，如 1# 码头、3# 码头分类垃圾的集装箱箱量，2# 码头散装垃圾、60％污泥、分拣残渣、建筑垃圾等的处置产量，并分类筛选查询历史数据。

⑤ 车辆：能即时查看每天各类垃圾、各处置点的驳运数据及集卡、人员配置情况，并分类筛选查询历史数据。

⑥ 填埋场：能即时查看各库区、各类垃圾的填埋处置量及推挖机、人员配置情况，并分类筛选查询历史数据。针对飞灰吨袋的新工艺，通过信息化手段共同设计一套查询追溯机制，在发现问题飞灰批次时，能在库区中找到该批次飞灰。

⑦ 生物能源再利用中心：能即时查看每天湿垃圾的处置量、后续各类成品的产量及设备使用情况，并分类筛选查询历史数据。

（2）资产管理具体需求

① 可实现集装箱的生命周期管理，设定并统计集装箱生命周期管理，包括使用时间、使用次数、周转率、使用率等。

② 可录入集装箱、集卡、桥吊的维护保养计划，自动提示相关作业人员，记录作业内容。维修报表查询，包括数量、修理项目、修理费用，同时可根据维修配件查询箱号、车号、数量等。

③ 集装箱清洗线的对接，包括集装箱调度、清洗记录等。进入清洗线的集装箱能自动匹配状态为"清洗中"，当清洗完成后集装箱状态为"清洗完成"，同时记录清洗数据。

2-13 问：现场管理人员具体需求有哪些？

答：（1）码头装卸生产管理具体需求

① 产量预报：实现管理者在线制订作业计划，如集卡车辆分配、码头吊装计划等。

② 数据统计：设备运行、生产报表明细及汇总表，包括设备、人员的日产量明细及汇总，如桥吊驾驶员产量、桥吊作业量等。能准确记录各类设备、人员、各码头和处置点的作业产量数据，并可自定义查询并导出报表。另外对违章操作有提示、记录功能，如等吊、未按指令操作等。

③ 保养维修：桥吊日常保养、维修纳入系统，可通过管理者设置的参数，如每台桥吊作业周期或一个周期内作业量等进行制订保养计划，可查询维修记录、更换零件等。

④ 改善作业环境：依靠系统，改善桥边岗位，弱化对讲机的使用。

⑤ 保养维修：对于现场电子设备按时保养，在失效后能应急操作、及时维修，建立可靠的运维队伍。

（2）短驳运输生产管理具体需求

① 产量预报：实现管理者在线制订作业计划，如集卡车辆分配、码头吊装计划等。

② 建立驾驶人信息库：全面记录驾驶人信息，制作驾驶员身份卡，作业前必须登录并记录身份信息，为驾驶人社会化管理做铺垫。

③ 考核管理：全面管理驾驶员安全车速，每日生产结束后由驾驶员自行打印当日作业速度记录，统一上缴作为考核依据，由管理方进行考核。

④ 作业视频管理：对作业过程进行全监控，为驾驶人提供辅助视频画面。

⑤ 行车轨迹管理：提供车辆的行驶轨迹、区域报警的管理，作业里程和油耗管理。

⑥ 信息调度功能：远程发布通知信息和语音播报功能。

⑦ 技术资料的视频播放：远程开启各类管理视频的播放。

⑧ 数据分析：包括驾驶员车辆任务量绩效分析管理、驾驶员车辆安全绩效分析管理、驾驶员综合星级评级管理。

（3）维修保养生产管理具体需求

① 集装箱、集卡车辆的维护日常报表、维修接待单、费用统计报表等，与资产系统相结合。

② 自动统计维修保养作业人员的作业量和作业质量，便于绩效管理。

（4）填埋场末端生产管理具体需求

① 计量道闸升级，可判断拒绝误入车辆，实时获得计量数据。

② 填埋场道路损坏、拥堵时，驾驶员可实时通知填埋场管理人员，便于及时开展道路维护或疏通工作，完成后可通过系统通知驾驶员正常作业。

③ 遇特殊情况填埋场关闭时，可通过系统告知中控和相关作业人员。

（5）生物能源再利用中心生产管理具体需求

① 自动化识别、指导系统：自动识别餐厨垃圾、厨余垃圾运输车辆并自动引导至相应的料坑、料斗。

② 可根据设备现场运行情况手动调整出入指令，引导至相应的料坑、料斗。

③ 遇特殊情况生产停止时，可及时通知中控及相关作业人员。

2-14 问：现场作业人员具体需求有哪些？

答：（1）中控人员具体需求

① 各站点之间信息化联动，及时准确，无延迟，减少对讲机使用。

② 前台操作界面简洁，按模块进行管理，人员配置精简。

③ 数据准确率达不到 100% 时，有人工修正功能，操作方式快速便捷。

④ 后台作业记录可跟踪，根据所需数据可查询集装箱流转轨迹、桥吊吊装、车辆作业等历史记录。如桥吊能查询到吊装集装箱箱数、箱号，作业集卡

车辆车号、来港集装箱吨位等信息。

⑤ 到港集装箱情况预警通知，如装有超载箱、坏箱、报废箱等，在卸船时提示通知中控人员及作业人员。

⑥ 智能堆场，可快速、准确模拟现场集装箱堆放情况，实时显示堆箱种类、状态和数量。

⑦ 自动生成船舶到港顺序，根据出闸后船舶的实时速度，准确预判船只到港时间。

⑧ 实现码头所有船舶自动靠泊、移泊及离泊，按桥吊实际贝位进行靠泊，船箱信息准确无误。根据实际生产需求自动合理安排码头装卸，并自动生成调度日志。

⑨ 遇恶劣天气、水闸封航等情况时可通过系统提前预报。如遇到封航情况，在通航时，及时在系统中通知。

⑩ 船舶、车辆可定位追踪，实时查询作业位置，便于调度管理。

⑪ 有一定容错和纠错功能。当桥吊驾驶员或驾驶员作业未按指令错误作业时，自动记录并发出警告，同时系统能根据箱、车信息自动修正指令。保留人工修改功能，对于突发情况，或信息不正确、不完整时，可进行人工修改。

（2）桥吊驾驶员具体需求

① 出勤采用快捷登录方式，如指纹识别或人脸识别，操作界面简单明了，不需要手工确认指令。

② 重箱卸船时，准确识别集装箱的箱型、箱体情况、垃圾种类，在终端界面显示明显。准确指挥集卡至装卸点位，自动生成和完成作业指令，作业指令简单化，接收设备简单化，如语音播报、可视、可重复。

③ 指挥船舶准确靠泊、移泊、离泊，船、场信息配对准确，减少作业等待。

④ 空箱装船，能根据物流码头对各类箱型的每日需求，自动匹配集装箱箱型并装船返航，避免生产等待，减少二次吊装。

⑤ 有一定的容错功能，对于桥吊驾驶员未按指令吊装集装箱时，系统可进行语音警告并记录，系统保留手动或自动纠错功能。

⑥ 作业记录和作业绩效可查询，桥吊历史记录可追溯，个人作业产量、规范率可实时查询、统计。

（3）桥边指挥人员具体需求

① 桥吊视频监控接入桥边工作室。可在室内通过视频监控进行工作指挥，减少恶劣天气下桥边指挥人员在现场作业的时间，提高作业环境质量。

② 配备手持终端，可对集装箱状态进行操作。

（4）集卡驾驶员具体需求

① 自动生成作业指令，作业指令、接收设备简单化，具有语音播报、可视、可重复功能。

② 因各类垃圾集装箱为专车运输，车型不一样，建议对厨余垃圾箱标记肉眼可识别的标识，提高识别度，提高作业的准确度和效率。

③ 特殊情况：当集卡车辆进出称重系统时，实时获得垃圾装运量，设置垃圾卡箱自动提示和报警，及时返回末端处置场再次卸料，避免进入码头后再返回。若垃圾卡住，无法卸干净，则通过终端一键报修后带重箱返回码头。

④ 有一定的容错功能。对于集卡驾驶员未按指令正确停泊至指定桥吊时，系统可语音警告并记录，系统保留手动或自动纠错功能。

（5）维修保养人员（修车、修箱）具体需求

① 正面吊驾驶员出勤登录后，自动获得作业指令，可准确找到待吊集装箱，明确维修保养类型，如坏箱、漏箱、保养箱等，运至相应区域。

② 维修作业人员出勤登录后，可自动获得当日作业任务。配置手持设备，可识别集装箱、集卡信息，维修保养过程中可便捷录入，如菜单式输入，包括维修类别及更换配件等，可自动统计保养箱、坏箱、报废箱的维修保养信息。

③ 自动统计作业人员的作业量和作业质量情况，作业绩效可查询、可追溯。

2-15 问：特殊情况下应急处置应具备哪些功能？

答：特殊情况应急处置应有容错应急功能，主要有以下几点。

① 在硬件或软件发生故障的情况下，有应急模块，可服务生产。

② 当发现坏箱、漏箱、报废箱等特殊箱时，在桥吊和集卡驾驶员终端有"坏箱""漏箱""报废箱"等一键快捷改变集装箱状态的按钮，谁发现就由谁更改集装箱状态，重箱卸空后由集卡驾驶员直接送往维修区，若有维修好的空箱则带空箱返回码头，若无直接返回码头继续生产。

③ 桥吊驾驶员、集卡驾驶员发现作业设备损坏，无法正常工作，有快捷维修按钮，原有指令重新分配，随后不再分配指令。维修指令直接反馈到维修班并进行语音播报，使抢修更及时。

④ 船舶若需修理，不装空箱返航，则船舶终端有按钮，设置后就不再分配装空箱指令。待维修完成后，取消修理状态，即可分配到老港装空箱。

2.2 信息化系统设计

2-16 问：信息化系统建设的主要目标及覆盖的业务范围有哪些？

答：（1）系统建设的主要目标

① 满足生活垃圾分类后的精细化管理，对自管压缩站、转运码头、末端处置、分类垃圾处置线进行精细化物流调度管理。

② 以工艺一贯制思路为指导，以分类集装箱为主线，实现垃圾处置各节点产物的全程跟踪。

③ 通过经验学习、机器学习等手段，建成以自动调度为主、人工调度为辅的智慧调度系统。

④ 满足应急处置调度需要，实现极端天气等突发情况下的全产业链应急调度。

⑤ 通过企业信息总线、设备总线实现基础信息收集、存储，为后续管理优化提供分析依据。

⑥ 辅助业务管理，将管理措施以信息化方式固定，逐步实现标准作业管理，实现作业标准化、业务自动化、流程清晰化。

（2）系统覆盖的业务范围

① 物流码头压缩站到码头内集卡短驳调度，外集卡垃圾驳运码头内装卸调度，船舶靠泊、离泊调度，桥吊装船、卸船、装车、卸车等作业调度，正面吊作业调度，中控室调度。

② 老港码头内集卡码头到处置点短驳调度，船舶靠泊、离泊调度，桥吊装船、卸船、堆场、清场、装车、卸车等作业调度，正面吊作业调度，中控室调度。

③ 极端天气等突发情况下的全产业链应急调度。

④ 各船舶、内集卡、外集卡、桥吊、正面吊等作业实绩管理。

⑤ 集装箱清洗、修箱等作业管理。

⑥ 集装箱全流程跟踪，实时堆场信息管理，车载、船载实时 GPS（全球定位系统）跟踪及轨迹回放。

⑦ 人员、集卡、桥吊等相关绩效考核。

⑧ 与具备条件的生产厂实现生产监视。

⑨ 运营数据分析和数据推送。

2-17　问：信息化系统总体业务流程是什么？

答：信息化系统总体业务流程（图 2-2）如下。

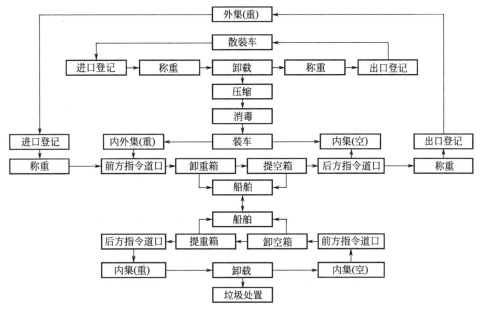

图 2-2　信息化系统总体业务流程

（1）前端垃圾收运

日常收运流程主要分为两类：一类是各区的生活垃圾收运车将分类垃圾送到各中转物流码头，在各码头入口处进行识别、称重、匹配装载垃圾类型等工作，收运车通过派位系统指挥至卸料口，由码头压缩站统一压缩至分类集装箱内，装满后通过内集卡运输至码头进行装卸作业；另一类是由各区对分类垃圾自行压缩至集装箱内，通过外集卡将集装箱送至中转物流码头进行装卸作业。

（2）中端物流转运

内集卡或外集卡车辆将压缩完成的重箱集装箱送至指定桥吊，根据现场作业情况进行集装箱卸车装船或卸车堆场作业。待卸箱完成后，集卡可移动至空箱桥吊处提取空箱，返回压缩站。待船舶重箱装满后，驶离物流码头，通过水运至末端老港码头进行作业。

（3）末端分类处置

船舶到达老港码头后同样会进行靠泊、卸重箱、移泊、装空箱、离泊等作业。内集卡装载重箱后，根据指定的路线将分类重箱集装箱送至对应的处置卸点进行分类处置，完成后将空箱返还至码头区域进行卸车装船或卸车堆场。待船舶空箱装满后，集装箱船运返航进入新一轮流转。

2-18 问：信息化系统架构图是什么？

答：信息化系统架构图分为总体架构图和应用架构图。

（1）总体架构图

信息化系统总体架构图主要有三层结构，如图 2-3 所示。其中前台为表现层，主要完成系统与使用者之间的交互；中台为业务层，主要根据业务逻辑完成功能的实现；后台为持久层，是与数据库相关的操作。

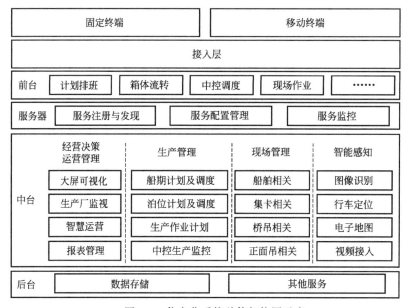

图 2-3　信息化系统总体架构图示意

（2）应用架构图

信息化系统应用架构图主要是软件层面的逻辑划分，如图 2-4 所示，包括经营决策运营管理、生产管理、现场管理、智能感知、基础服务层。

2-19 问：信息化系统网络拓扑图是什么？

答：系统网络主要通过骨干网进行数据传输。信息化系统网络图如图 2-5 所示。

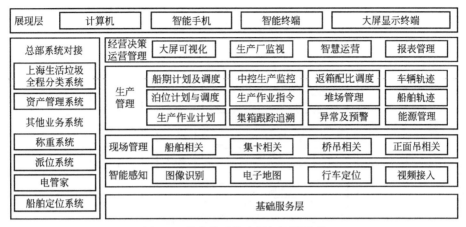

图 2-4 信息化系统应用架构图示意

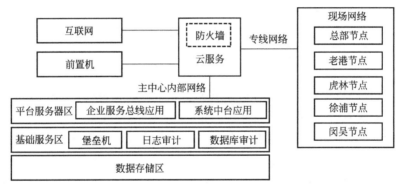

图 2-5 信息化系统网络图示意

2-20 问：信息化系统外部接口有哪些？

答：信息化系统通过企业信息交换总线平台 BIS（企业服务总线平台）系统与以下外部系统对接：船舶定位系统、上海生活垃圾全程分类信息平台、称重系统（多节点接入）、派位系统、资产管理系统、仓库管理系统（汽修、备件管理）、电管家系统、集装箱清洗线（脏污程度）等。系统总体外部接口如图 2-6 所示。

2-21 问：信息化系统角色职责有哪些？

答：① 系统管理员。负责维护组织机构信息，包括公司、部门的详细信息；维护用户角色以及权限、用户信息，进行系统的基础建模工作，包括设备、堆场的增减变更、设置系统的业务规则等。

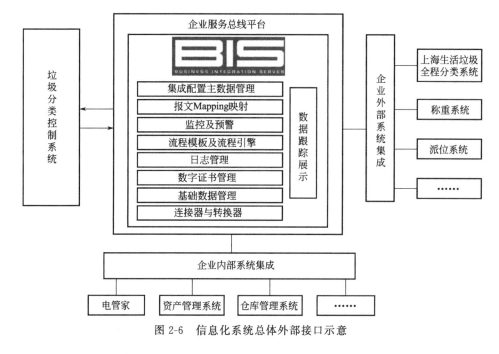

图 2-6 信息化系统总体外部接口示意

② 城投环境管理者。负责查看系统作业整体运行情况，根据系统数据进行经营情况分析、经营决策。

③ 公司管理者。负责查看本公司系统作业状况，根据系统数据进行本公司经营情况分析、经营决策。

④ 运营管控。负责生产调度、作业等业务规则、约束条款的制订和修改。

⑤ 中控调度。码头作业的调度中心，负责现场作业总指挥调度。

⑥ 桥吊驾驶员。负责桥吊的作业操作，集装箱的船到车、车到船、船到场、场到船、车到场、场到车的吊装，以及前方堆场贝位间短驳的吊装，漏、坏箱的报修。

⑦ 内集驾驶员。负责中转码头集压站到码头的集装箱短驳，前后方堆场集装箱的短驳，老港码头到末端处置场的运输，漏、坏箱的报修。

⑧ 外集驾驶员。负责从区中转站到市区码头的集装箱运输，极端情况下从区中转站到处置场的运输。

⑨ 正面吊驾驶员。负责前后方堆场集装箱的短驳，后方堆场集装箱的装、卸车，后方堆场到洗箱、修箱区的短驳。

⑩ 船舶管理员。负责市区码头到老港码头垃圾集装箱的船舶运输。

2.2.1　生产调度

2-22　问：生产调度模块的设计目标是什么？

答：应用信息化和数字化的手段支持生产作业业务管理，涵盖对生产作业环节等多个业务单元的精细化管理，应用适当的调度算法，支持生产作业流程整合和优化。设计主要目标如下。

① 综合应用专家知识库和智能优化算法，规划基于有限能力的作业资源计划和调度，支持精确下达作业指令的自动调度模式和仅针对预知异常下达作业指令的人机结合调度模式，更科学的返箱箱型调度保障返箱率，满足各生产单元不同的管控需求。

② 采用自动定位、自动识别等技术手段，自动记录生产作业信息，减轻人工作业、降低人工干预，以信息化固化管理，逐步实现作业标准化、业务自动化和流程清晰化。

③ 建立以集装箱为线索的垃圾全生命周期追溯，包括从垃圾来源、集压处理、运输和处置等业务节点的集装箱位置及状态的动态变化，支持突发公共事件的追溯定位，为快速应对提供有力支撑。

④ 实时快速共享业务作业信息，满足垃圾干湿分类的集装箱储运精细化管理。更合理地配置设备设施和人力资源，加快运输及处置效率，及时的异常情况提醒，自动补偿和完整的日志记录。

⑤ 满足应急处置调度需要，实现极端天气等突发情况的应急调度。

⑥ 自动统计相关数据，实时展示垃圾储运和生产作业进度、设施设备利用率、集装箱分布、垃圾全程追溯、作业绩效统计等。

2-23　问：老港处置公司集运生产作业业务流程是什么？

答：老港公司集运生产作业业务流程如图 2-7 所示。

2-24　问：集运业务流程有哪些内容？

答：老港处置公司集运作业的核心业务是接收物流基地的船运分类垃圾，对分类集装化垃圾处置后将空箱返还船舶运回，核心是在保障高生产作业效率的同时满足各市区基地的返箱率。在系统结合下主要业务流程如下。

① 系统根据预设路径规则的关键路径点位自动计算出来港船期计划，船期计划不仅表达船舶到港先后顺序，还将依据预设规则及目前生产作业状况同

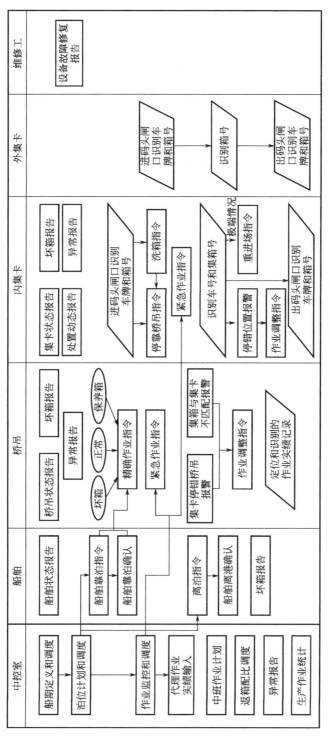

图 2-7　老港处置公司集运生产作业业务流程

步分配至码头，中控人员可及时获知来港船舶的顺序和计划靠泊码头。针对航行过程中的意外情况，中控人员可对船期顺序、码头进行调整。

②在船期计划生成后，当船舶接近码头区域时，设置更靠近码头的路径点，通过 GPS（全球定位系统）来定位，系统自动计算出船舶泊位计划，明确来港船舶的停靠基准码头贝位，中控人员确认后自动发送至对应船舶终端作为靠泊指令，同时也会发送到对应的桥吊终端，提醒桥吊驾驶员准备作业。所有的指令都是语音和信息同步的，下面说明中也同此。

③船舶根据靠泊指令靠泊，船舶驾驶员在终端一键报告靠泊完成即表示靠泊在指令的基准贝位，同时中控室也会显示此船舶在指定的码头贝位。如果船舶驾驶员发现指定码头贝位无法停靠时，可通过终端或对讲机报告中控室及时进行调整。船舶航行状态、封航情况、发现坏箱等都可通过船舶终端一键报告。

④桥吊驾驶员可检查船舶靠泊贝位是否准确，若不正确即报告中控人员要求船舶重新停靠。系统在首次起吊时也会判断船舶的码头基准贝位是否停靠准确，但需要桥吊作业时才能获取，若桥吊司机未报告中控人员，系统将默认此次错误。系统依然会向桥吊终端和中控室报警，只需任意环节确认即可消除报警，系统内会记录船舶未准确停靠数据。

⑤系统根据精确作业指令规则，每一步提箱、落箱都会发出指令给桥吊终端。桥吊驾驶员理论上应严格按照作业指令进行操作，除非遇到不可抗拒的原因，如发生无法起吊等情况，才可跳过应作业的箱号。桥吊驾驶员的所有作业动作，即使不按指令起吊，系统也将如实记录作业过程，包括提箱、落箱、集装箱位置变化，并在中控界面上动态显示。针对发现的坏箱或桥吊异常情况，也可在桥吊终端上一键报告。桥吊在作业空箱时，系统将自动依据坏箱或保养箱的要求给出不同的堆放指令。若桥吊驾驶员没有按照指令作业，系统立即会向桥吊终端及中控室发出异常报告，中控室可及时决策，指挥桥吊驾驶员后续作业，系统的后续作业指令也将根据当前状态自动调整。

⑥集卡通过码头道闸进出时通过视频识别车号和箱号，系统根据规则自动产生集卡作业指令发布到集卡终端，具体内容如下。

a. 如果是当班第一次作业或集卡维修后第一次进场，此时集卡没有装载集装箱，若视频识别系统没有识别到集装箱，则发布指令到装重箱桥吊集卡队列中。

b. 如果非当班第一次作业并识别到集装箱，则看其是否当班洗箱车辆，若需洗箱车则发布洗箱指令，不需要洗箱车则发布指令到卸空箱桥吊集卡队列中。洗箱完成后系统将自动再发布指令去卸空箱桥吊集卡队列中。

c. 如果以上两种情况下集卡和载箱不匹配，如第一次进场带有集装箱、非第一次进场且没带集装箱，系统将视为异常并报告给中控室，同时不给集卡指令，需要中控室确认人工发布指令。

d. 系统计算集卡分配到桥吊的指令是复杂的过程。若集卡停错桥吊，将会在集卡终端提醒，但需在集卡被桥吊视频识别后才能被发现，此时需判断当前桥吊是否与作业相容，如果不相容，会被自动给出二次进场指令，指令集卡二次进场并且在码头道闸没有优先权。另外，针对发现的坏箱或集卡故障情况，也可在集卡终端上一键报告。

⑦ 在大雾、台风封航的情况下，若重集装箱通过陆运外集卡运输至末端处置，进入码头道闸时视频识别车牌和箱号，陆运外集卡在后车道卸箱，老港处置公司内集卡通过前车道装进行装箱作业，系统将记录外集卡和集装箱的关系及装卸记录。外集卡的来源及装载集装箱号可提前通过文件导入系统。

⑧ 桥吊 PLC 和视频识别可记录整个作业过程，包括提箱、落箱、集装箱位置变化，将集装箱和集卡装卸转换绑定。

⑨ 所有的异常都将及时报告至中控室，中控人员可根据实际情况进行处理，发布紧急指令，且紧急指令是最高等级。

⑩ 系统自动计算生产作业指令时，需充分考虑各市区基地返箱率，原则是按物流各码头返箱需求进行返还，满足返箱需求后不做返箱。

⑪ 所有生产作业数据都可快速形成班次及日生产作业报告，为各级管理者提供决策帮助。

2-25 问：生产调度有哪些功能？

答： ① 生产调度是本系统的核心模块，将承担从物流基地到老港处置公司的分类生活垃圾的全程运输处置管理，应用数字化建模基础设施和业务规则，通过科学合理的计划和调度，在垃圾、集装箱、集卡和处置场的规则约束要求下，管控船期、泊位、吊装和集运业务，满足物流基地的返箱配比，实现分类集装箱的全程跟踪追溯，及时报告异常和预警，防范生产作业失控，为各级管理者提供实时、准确的信息，帮助管理者做出决策。

② 生产调度由三条主线有机构成。

a. 基于人工知识的参数规则，参数化建模，可以应对某种程度的需求变化，是原有人工专家经验的知识积累。

b. 基于数学规则的生产计划、调度和作业指令，满足多种生产作业模式。

c. 基于数据知识洞察的返箱优化、瓶颈分析，对异常、极端状况的预警和生产紧急调度进行指挥。

③ 生产调度的功能结构如图 2-8 所示。

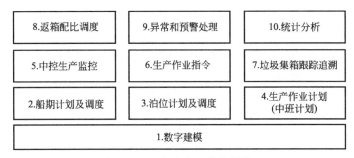

图 2-8 生产调度的功能结构

2-26 问：信息化系统组织结构有哪些内容？

答：信息化系统定义了组织、部门、人员及日历等与组织结构相关的基础模型，业务对象和业务规则绝大多数都是在组织或部门下建立及运行的，因此组织结构对生产业务模式、权限控制、数据服务控制都有极其重要的作用。组织结构对象关系定义如图 2-9 所示，具体内容如下。

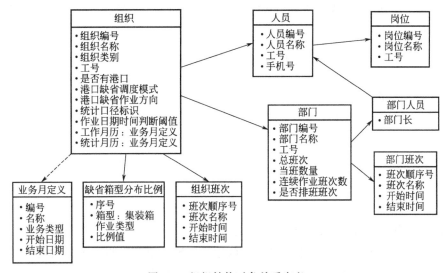

图 2-9 组织结构对象关系定义

① 组织。自循环结构，包括父项组织、组织编号、组织名称、组织类别

（分为总公司、分子公司、基地），另外几个与业务相关的参数属性如下。

a.是否有港口码头。表示是否拥有港口，是指组织直接拥有港口的，港口上级组织无需勾选。

b.港口码头缺省调度模式。分为人工调度、生产计划指导、全自动指令，在码头上定义的调度模式可覆盖此处定义。

c.港口码头缺省作业方向。分为卸重箱装空箱、卸空箱装重箱，在码头上定义的调度模式可覆盖此处定义。

d.统计口径标识。靠泊日期时间（以船舶实际靠泊时间为准）、离港日期时间（以船舶离港实际离港时间为准），主要作用是统计各基地箱型作业流转分布。

e.作业日期时间判断阈值。供集装箱转运，从物流各基地至老港、老港返回各物流基地成对查询中，或是采集压缩站等时间周期比较长的值时，以一个查询日期点来看是否是同一个作业日期时间的判断范围。

f.工作月历。选择的业务月进行定义。

g.统计月历。选择的业务月进行定义。

② 业务月定义。主要属性有编号、名称、业务类型，分为工作月历、统计月历、开始日期、结束日期。

③ 缺省箱型分布比例。从属于组织对象，主要属性有箱型、比例值。

④ 组织班次。从属于组织对象，主要属性有顺序号、名称、开始时间、结束时间。

⑤ 岗位。主要属性有岗位编号、岗位名称。

⑥ 人员。从属于组织对象，主要属性有人员编号、人员名称、工号、身份证号、手机号。

⑦ 部门。从属于组织对象，主要属性有部门编号、部门名称、总班次数、当班数量、作业班次数。

⑧ 部门人员。从属于部门对象，主要属性有人员及该部门管理者。

⑨ 部门班次。从属于部门对象，定义后覆盖组织的班次。

2-27 问：公共参数有哪些？

答：公共参数主要用于定义计量单位，垃圾类型、集装箱箱型和互相之间的关系，可作为生产管理的基础数据使用。公共参数对象关系定义如图2-10所示。

① 计量单位。定义基本的计量单位。目前的分类定义为：1——长度单位、2——面积单位、3——体积容积单位、4——质量单位、5——货币单位、

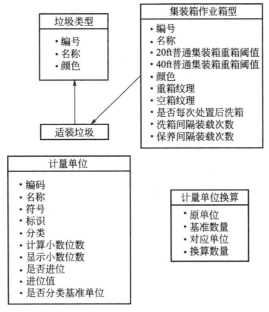

图 2-10 公共参数对象关系定义

6——时间单位、99——自定义单位；是否分类基准单位是非常重要的属性，一个分类只能有一个基准单位，当业务对象中不定义计量单位的，就表示采用基准单位。

② 计量单位换算。定义各个计量单位之间的换算关系，但不支持公式。

③ 垃圾类型。定义垃圾的分类类型，如干垃圾、厨余垃圾、餐厨垃圾。

④ 集装箱作业箱型。定义集装箱的作业种类，如水平箱、兼容箱、厨余箱、餐厨箱。

⑤ 适装垃圾。定义集装箱型和垃圾之间的关系。

2.2.2 作业管理

2-28 问：集运生产作业系统的设计目标及范围是什么？

答：① 设计目标。作业管理是为日常作业中各个环节提供管理的系统模块，主要用于作业端收到作业指令后的实绩采集及实绩反馈，以供后续作业进行有序调度。在作业管理中充分考虑各类作业形态的共性化及个性化特点，并采用数据采集等技术协助，使指令有效传递。

② 管理范围。主要包括船舶、桥吊、集卡、正面吊等及作业履历查询。

2-29 问：作业管理有什么功能？

答：作业管理是为各码头生产日常作业中每个环节提供管理的子系统，由生产调度子系统发起相关指令，经作业管理子系统对指令做下发确认、调整、取消，再经各终端下发到各个作业端，并接收各个作业端的实绩反馈信息，形成作业履历便于查询。

2-30 问：船舶作业如何管理？

答：船舶管理员在作业前通过操作终端进行登录，当船舶驶入作业码头区域后等待系统或中控发布指令，接收到指令后根据语音提示进行靠泊作业。船舶靠泊后，通过终端在系统内靠泊确认，以此类推进行移位确认及离港确认。船舶主要作业流程如图 2-11 所示。

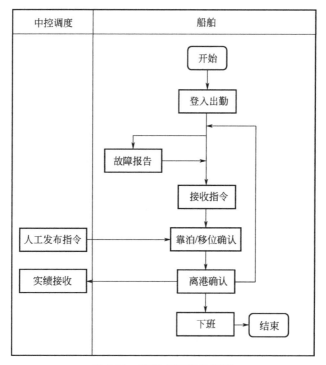

图 2-11　船舶主要作业流程

2-31 问：桥吊作业如何管理？

答：桥吊驾驶员作业前通过操作终端进行登录，等待系统指令或中控紧急指令，指令到达后根据语音提示进行作业操作，并按桥吊 PLC 信号反馈记录实绩。同时支持紧急一键报修功能，提交至中控室，由中控人员进行后续作业安排。桥吊主要作业流程如图 2-12 所示。

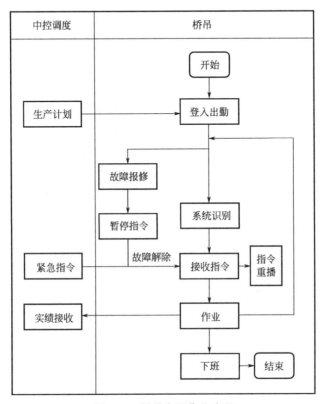

图 2-12　桥吊主要作业流程

2-32　问：**集卡作业如何管理？**

答：集卡驾驶员作业前通过操作终端进行登录，驶入作业区域后等待系统指令或由中控人员发布紧急指令，指令到达后根据语音提示进行作业操作，系统记录作业实绩。同时支持紧急一键报修功能，提交至中控室，由中控人员进行后续作业安排。集卡车辆主要作业流程如图 2-13 所示。

2-33　问：**正面吊作业如何管理？**

答：正面吊驾驶员作业前通过操作终端进行登录，手动在系统内进行集装箱的移除及置入。正面吊主要作业流程如图 2-14 所示。

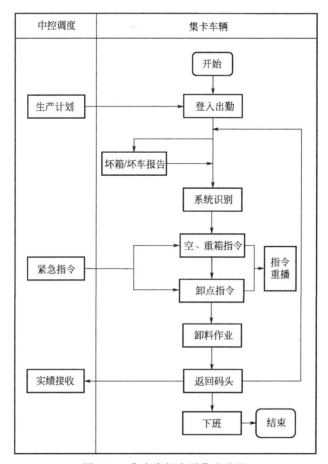

图 2-13　集卡车辆主要作业流程

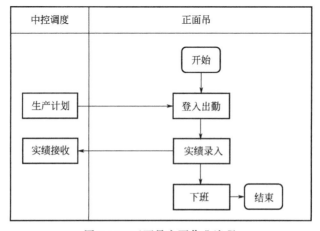

图 2-14　正面吊主要作业流程

2.2.3　生产作业可视化大屏

2-34　问：老港处置公司各大屏的设计目标及范围是什么？

答：① 设计目标：对具备对接条件的处置场实现生产过程的远程监视，通过主工艺画面做可视化呈现。数据流程图以进程功能、数据流、数据存储和接口为单位表示进程数据的流向，另按模块所涉及的业务种类、功能类别绘制数据流模型图。

② 设计范围：包括综合填埋场、生物能源再利用中心、老港渗沥液处理厂及老港处置公司作业可视化大屏。

2-35　问：综合填埋场可视化大屏有哪些内容？

答：填埋场的监控数据主要来自数字填埋系统和称重系统，系统分别通过企业数据总线获取数字填埋数据、称重系统数据，存入数据库，并在可视化界面展示监控信息。综合填埋场功能流程如图 2-15 所示。

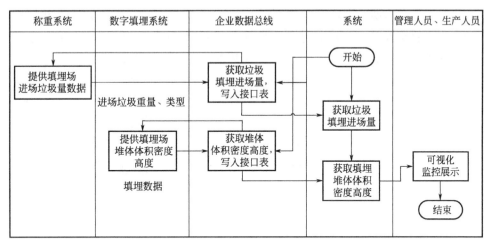

图 2-15　综合填埋场功能流程

2-36　问：生物能源再利用中心可视化大屏有哪些内容？

答：生物能源再利用中心监控数据来自其 PLC 系统和称重系统，系统启动定时任务，分别通过企业数据总线获取 PLC 数据、称重系统数据，存入数据库，并在可视化界面展示监控信息。生物能源再利用中心功能流程如图 2-16 所示。

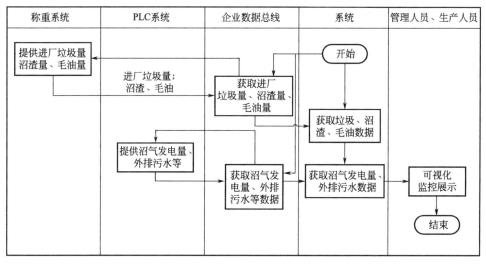

图 2-16 生物能源再利用中心功能流程

2-37 **问：老港渗沥液处理厂可视化大屏有哪些内容？**

答：老港渗沥液处理厂监控数据来自其 PLC 系统、称重系统、现场人工抄表、化验等数据，分别通过企业数据总线获取 PLC 数据、称重系统数据，利用导入将监控数据录入系统中，存入数据库，并在可视化界面展示监控信息。老港渗沥液处理厂功能流程如图 2-17 所示。

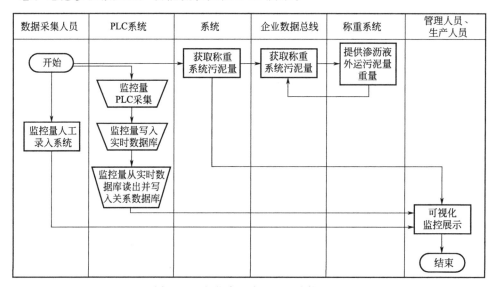

图 2-17 老港渗沥液处理厂功能流程

2-38　问：老港处置公司生产运营可视化大屏有哪些内容？

答：利用可视化图表工具，将老港处置公司的主要业务和生产工序进行高度整合和直观展示，实现作业进程的实时跟踪和监控，及时发现异常，提前风险预警。其主要功能如下。

① 作业时态。展示当日计划总量、当日作业实绩总量（包括转运量及处置量）、当日完成进度（包括箱量和垃圾重量）。进一步展示集运码头的当日作业实绩，包括每个码头的进港船舶总数、集装箱总数、船舶作业数等。

② 末端处置情况。可实时展示填埋处置、再生能源利用中心、生物能源再利用中心的末端处置量和老港渗沥液处理厂的渗沥液处置量，以及各处置场的产出物情况。

③ 重要通告。管理员可自行发布重要通告，包括公告标题、公告内容、有效期等，同时管理员也可以对已发布的公告做查询、修改、删除等操作。在有效期内已发布状态的公告，将在大屏上显示。

④ 环境监测指标展示。与环境监测指标情况集成，当各类环境监测指标不达标时，在大屏上预警显示。

2.2.4　智能图像识别

2-39　问：什么是智能图像识别系统？

答：智能字符识别（本系统内简称 ICR）采用目前先进的机器学习与 AI（人工智能）图像识别技术，在集卡作业过程中，通过此技术将获取桥吊、码头出入口道闸处安装的高清摄像机设备的实时视频流信息，经过系统处理，对集卡关键作业信息进行智能识别。与传统文字识别技术相比，图像识别技术在桥吊理货、堆场、闸口管理等区域，摄像机需求少，可降低施工及维护成本；同时可减少触发装置，大幅降低因为无法启动触发造成的影响等。通过专用硬件配合独有的人工智能算法，将帮助港区分阶段实现无人化物流运作，最终达成港口 360°智能化，提升港口效能和服务水平。

2-40　问：智能图像识别系统设计原则有哪些？

答：结合当前技术发展的状况及趋势，以保安全、促效率为出发点，紧紧围绕港口业务并在秉持下述原则的基础上进行系统设计。

① 先进性。系统的架构和技术均符合高新技术的发展趋势，所采用的理念、技术都是行业内领先水平，并能代表未来的发展方向。

② 稳定性。系统是一个牵涉面多、运行环境恶劣、不间断使用的复杂系统。进行系统设计时要统筹考虑所用设备和控制系统，符合当前技术和运营管理部门的工作发展方向，同时选用成熟的技术，减少系统的技术风险。

③ 集成性。一方面系统高度集成可以有效减少系统故障点；另一方面系统集成可以有效实现信息共享，以适应港口理货业务发展要求。

④ 标准性。系统的标准化程度越高、开放性越好，则系统的生命周期越长。控制协议、传输协议、接口协议、视音频编解码、视音频文件格式等需要符合相关国家标准或行业标准的规定。

⑤ 可拓展性。核心架构具有足够的灵活性，具有良好的分层、模块化设计，并针对不同的应用场景可以实现灵活、快速的定制，在结构上有着极大灵活性，为系统扩展、升级及可预见的管理模式的改变留有余地。

⑥ 易用性与易维护性。从实际出发，围绕当前运营管理部门的核心诉求进行系统设计，采用简洁、友好的人机界面，具有多媒体化操作设计，在出现系统故障时，能够简便快捷地进行处理。前端设备支持远程升级和远程故障排除功能，维护便捷，降低系统运维成本。

2-41 问：智能图像识别系统有哪些基本功能？

答：智能图像识别系统通过安装在桥吊不同位置的摄像机，实时获取集装箱 3 个箱面（即前面、侧面及后面）、集卡车辆车牌号或车顶号的视频信息。视频信息通过实时处理发送到核定识别模块，通过识别专用算法对图像中出现的集装箱箱号和集卡车号做毫秒级识别，识别出的结果可通过接口发送到作业系统。相比于传统识别方式，对于模糊或不清晰图片，核心识别模块拥有较高的容忍度与更高的准确率。主要识别功能如下。

① 集装箱箱号识别　在作业过程中，对当前作业的集装箱箱号进行识别。

② 集卡作业号识别　在作业过程中，对当前作业的集卡车号进行识别。

③ 后大梁作业识别　在后伸距作业时，实现对当前作业的集装箱箱号和集卡作业号的识别。

④ 其他功能

a. 系统软件能长期稳定正常运行。

b. 控制主机长期稳定运行，实现存储冗余，能避免因硬盘损坏导致数据丢失，系统发生故障时自动通知后台。

c. 系统硬件确保适应潮湿、高温、强风环境。

d. 采用高端图像传感器和智能图像处理，达到高质量的图像效果。

e.采用低照度摄像机，夜间作业时在码头照明条件下仍能抓取清晰的彩色图片。

f.各种天气状况下都能清晰成像。

g.采用标准化、模块化设计技术，易于扩展和维修。

h.采用"三防"、密封设计技术，利于恶劣环境长期使用。

2-42 问：**智能图像识别系统的架构是什么？**

答：系统使用数据库做信息交换。对外开放了各种控制接口，使用专用模块对网络摄像机进行解码并提交给识别核心模块，可提供的终端包括：集装箱信息识别、验残业务识别、车辆信息识别等关键功能。外部交互接口包括：控制服务接口（用于控制识别系统开启关闭）、状态服务接口、识别结果服务接口（用于提供系统识别结果）、远程信息（使用者的数据可视化平台）、数据库（用于识别信息的数据持久化）和摄像机信息。智能集装箱识别系统架构图如图 2-18 所示。

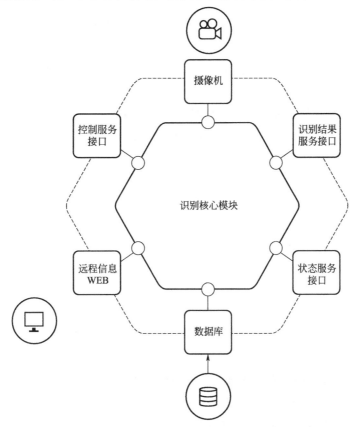

图 2-18　智能集装箱识别系统架构图

2-43 问：智能图像识别是如何实现？

答：① 流媒体服务模块。在桥吊的对应位置会安装高清摄像机，采集现场实际作业的视频流，并通过网络协议传输给智能识别服务器。这部分的视频流是后端识别模块的数据输入。

② 智能图像识别系统。智能图像识别系统收到前端摄像机传回来的实时视频流，通过底层的算法和识别系统，识别对应的箱号、集卡号，结合 PLC 信息判断作业车道与装卸类型，并且具有自动过滤过路车的功能。

③ 由数据交换平台、结果决策平台组成的事务处理服务器模块。智能识别系统将识别的结果发送给数据交换平台，经过数据交换和逻辑处理，发送结果至决策平台；决策平台会对结果进行筛查与过滤，然后输出稳定识别的结果至数据库。

④ 数据库。经过事务处理器过滤的数据，根据功能需求，会按照一定的格式以及逻辑存储到后台数据库。数据库拥有信息检索功能，可以按照要求生成对应格式的表单。

⑤ 与业务逻辑直接对接的数据集成管理与服务模块。作业人员在前端操作界面的输入或者修改，会直接与系统对接，并存储到后台数据库。智能图像识别系统会同步记录操作人员的行为，并进行自主学习，可以逐渐提高系统的灵敏度。

⑥ 由运维系统组成的信息安全服务模块。本单元除包括常规的系统维护、系统纠错、异常预警服务之外，还会备有系统状态服务器，实时监测每台服务器的运行情况，一旦出现异常，可以动态分布式进行服务的热备和切换，从而保障服务更加稳定的运行。

智能图像识别系统的具体实现方式如图 2-19 所示。

2-44 问：智能图像识别系统的交互信息有哪些？

答：① PLC 交互。在集装箱作业过程中，智能图像识别系统需要与 PLC 进行交互，与 PLC 通信模块或 PLC 转发设备进行通信，获取当前桥吊作业情况信息。

② 集装箱箱号信息交互。在整个作业过程中，集装箱箱号在各个时序阶段会作为当前作业集装箱结果对应的重要标准，且具有唯一性。

2-45 问：智能图像识别系统的性能指标是什么？

答：由于集装箱箱号和集卡车号均为非标准格式，基于现有摄像机布置方式，智能图像识别系统的性能指标见表 2-2。

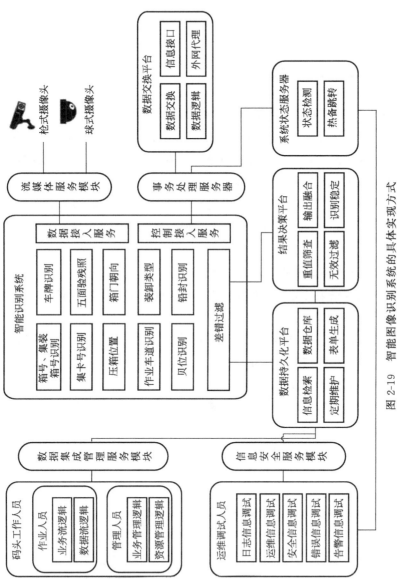

图 2-19　智能图像识别系统的具体实现方式

表 2-2　智能图像识别系统的性能指标

编号	拍摄到的信息	指标/%
1	集装箱箱号	98
2	集卡车牌号或车顶号	98

2.2.5　自动化数据采集

2-46　问：自动化数据采集的设计目标及范围是什么？

答：① 设计目标。通过增设软硬件，与各桥吊控制 PLC 系统、机组 PLC 系统及其他相关系统建立安全可靠的通信连接，采集重点和要点位的数据，为调度系统提供数据支持及数据在线监测。

② 设计范围。老港处置公司 1#码头和 3#码头、老港渗沥液处理厂、生物能源再利用中心、再生能源利用中心一期、再生能源利用中心二期。

2-47　问：桥吊数据采集的方案是什么？

答：桥吊数据采集方案可分为硬件部分、网络部分、软件部分，具体内容如下。

① 硬件部分。主要采集桥吊本身的关键生产数据，主要包含桥吊大车位移、小车位移、吊臂位移、作业类型、作业时间、轻重箱类型 6 个数据，使用设备原有的绝对值编码器来测量小车位移与吊臂位移。另外，需新增激光测距仪来精确测量大车位移，配合一定的逻辑判断来采集作业类型等数据，最终实现桥吊作业环节集装箱的精准定位。

② 网络部分。为保证数据的传输，在各码头区设置数据采集使用无线网络。主要通过在码头区陆侧安装无线基站设备，与桥吊横臂高点处安装的大功率 2.4G 无线设备形成对码头区的无线网络覆盖。将电气室内的 PLC 设备与视频识别设备接入同一网段，从而实现 PLC 侧与视频识别侧的数据交互。通过无线网络覆盖，在桥吊上采集的大车位移等关键生产数据通过无线基站转发。在基站处通过光缆将数据传送至布置在中控室的数据采集工控机，工控机通过主干网将数据上传至上层关系型数据库。在安全性方面，PLC 与外界交互的部分安装工业网关，将 PLC 网络限制在桥吊电气室内，由工业网关将数据采集后转换网段与外界通信。

以老港 1#码头采集为例，在每个桥吊新增西门子 S7-1200PLC 控制系统一套，交换机、ICG、激光测距仪各一个。新增的 S7-1200PLC 和 ICG 都有 2 个以太网口，S7-1200PLC 的 X1 网口和 ICG 的 LAN1 网口都连接到电气柜内原有的交换机上，S7-1200PLC 通过交换机读取原 300PLC 的数据，而 ICG 则通过交换机读取新增的 S7-1200PLC 的数据。激光测距仪安装在桥吊大车车轮上方的桥架上，通过以太网连接到电气室新增 S7-1200PLC 的 X2 以太网口上，将实时的大车位移传到 PLC 中。ICG 的 LAN2 网口连接到新增的交换机上，通过无线 AP 发射装置，实现从桥吊电气室到中控室的数据通信。

码头共有 5 个桥吊，所有桥吊都运行在同一组轨道上，激光测距仪都安装在陆侧桥架上，现场连接到桥吊大车处的端子箱内，端子箱到激光测距仪布橡胶软管穿线连接，电源线和网线经桥架内部穿线方式连接到桥架电气室。S7-1200PLC 布置在电气室的 PLC 柜内，交换机和 ICG 则安装在设备柜中。设备网络分布图如图 2-20 所示。

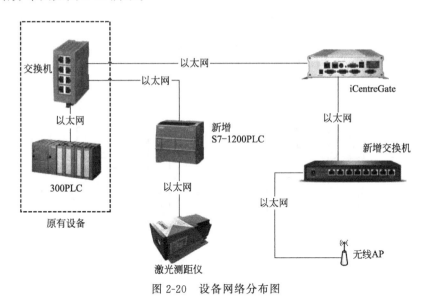

图 2-20　设备网络分布图

③ 软件部分。将通过工业网关采集的数据上传至上层关系型数据库。

2-48　问：什么是激光测距仪？

答：激光测距仪用于检测桥吊大车位移坐标，与新增的 S7-1200PLC 通信，将实时位移坐标数据发送到 PLC 中，激光测距仪与 PLC 之间采用西门子通信协议，通过网线实现物理连接。

优点：与传统的编码器测距相比，激光测距仪具有测量准确、精度高、频率快、坚固耐用等优点，最大测量距离可达 500m，典型精度可达 1mm，重复精度可达 0.3mm，最快测量频率可达 250Hz，最高数据输出频率 1000Hz，另外不需再安装编码器归零设备和程序。

2-49 **问：激光测距仪如何安装？**

答：激光测距仪通过焊接方式安装在桥吊大车车轮前方，并在桥吊零位安装反光板，用于反射激光射线，达到测距目的。安装时把轨道吊行驶至距离反射板最远位置后，水平校准激光测距仪的光斑在反射板的中心位置。再通过通信协议将激光测距仪目前的水平距离数据传至 S7-1200PLC，完成对桥吊行驶距离的精准定位及数据采集。

由于激光测距仪激光反射需要反光板，而在同一个轨道上的桥吊有多台，导致中间位置桥吊的激光测距仪的反光板无法在轨道两侧安装，只能安装在相邻的一台桥吊上，这样桥吊大车的位置就可以互相读取，并采用单边通信协议，只在中间位置的桥吊 PLC 中添加读取程序，读取相邻桥吊的位置后再做计算，得出当前桥吊的精确位置。1# 码头激光测距仪及反光板安装位置如图 2-21 所示。

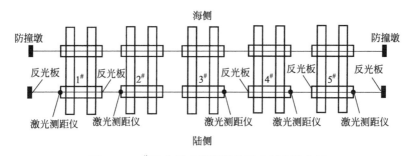

图 2-21　1# 码头激光测距仪及反光板安装位置

激光测距仪及反光板安装定义说明。

① 桥吊大车坐标的零位定义：面朝海侧，靠近左侧防撞墩为基准零位。

② 1# 桥吊的激光测距仪安装在桥吊左侧，激光反光板安放在左侧防撞墩上。

③ 2# 桥吊的激光测距仪安装在 2# 桥吊左侧，而反光板则安装在 1# 桥吊的桥架右侧，以 1# 桥吊为基准来计算 2# 桥吊的大车位置。

④ 3# 桥吊激光测距仪安装在右侧桥架上，反光板则安装在 4# 桥吊的桥架左侧，以 4# 桥吊为基准来计算 3# 桥吊的大车位置。

⑤ 4#桥吊激光测距仪安装在右侧桥架上，反光板则安装在 5#桥吊的桥架左侧，以 5#桥吊为基准来计算 4#桥吊的大车位置。

⑥ 5#桥吊激光测距仪安装在桥架右侧，在最右侧的防撞墩上安装反光板测距。

2-50　问：激光测距仪坐标怎么计算？

答：激光测距仪坐标计算方法如下。

① 1#桥吊大车坐标＝1#测距仪检测长度。

② 2#桥吊大车坐标＝1#测距仪检测长度＋桥吊长度＋2#测距仪检测长度。

③ 3#桥吊大车坐标＝4#桥吊大车坐标－3#测距仪检测长度－桥吊长度。

④ 4#桥吊大车坐标＝5#桥吊大车坐标－4#测距仪检测长度－桥吊长度。

⑤ 5#桥吊大车坐标＝轨道总长－5#测距仪检测长度－桥吊长度。

2-51　问：码头网络设施如何安装？

答：码头网络设施采用无线 CPE（用户驻地设备），这是一种接收 WiFi 信号的无线终端接入设备，可取代无线网卡等无线客户端设备，可以接收无线路由器、无线 AP（接入点）、无线基站等的无线信号，是一种新型的无线终端接入设备。同时也是一种将高速 4G 信号转换成 WiFi 信号的设备，可支持较多移动终端同时上网，但需要外接电源，其主要功能是接收移动信号并以无线 WiFi 信号转发出来的移动信号接入设备。码头无线 CPE 和基站的安装方式为抱杆安装，位置安装在陆侧的灯杆高处，以保证无线 CPE 与无线基站之间没有遮挡。基站至中控室通过敷设光缆连接，保证数据传输的有效性和可靠性，保证网络信号的稳定性。在数据通过光缆到达数采工控机后，由数采工控机将数据发送至上层关系型数据库，并由上层应用对数据加以处理和利用。

2-52　问：如何保障无线网络安全？

答：对于无线安全性方面，通过设置的网络安全口令，并采用加密方式，关闭 DHCP（动态主机配置协议，是一个局域网的网络协议）模式，只有配置正确网段的 IP 地址以及正确的口令后才可以接入无线网络。

交换机以及无线设备 IP 地址采用骨干网 IP 地址，新增 PLC 的 IP 地址采用原网络 IP 地址，通过工业网关隔离，并将出口 IP 地址转换为骨干网 IP 地址。

桥吊数采网络使用工业网关对 PLC 工控网络进行隔离，使 PLC 工控网络仅局限在桥吊电气室内，避免外部网络可以直接对 PLC 进行控制。外部网络即使访问工业网关，也只能对数据进行读取操作，而不能进行写入操作，保证工业网络的网络安全。桥吊数采网络安全如图 2-22 所示。

图 2-22　桥吊数采网络安全示意

2-53　问：如何实现处置场数据采集？

答：① 老港渗沥液处理厂和生物能源再利用中心一期。这两个处置场数据量较大，且产生的频率高，不适合使用关系型数据库直接存储，因此使用实时数据库来进行存储。主要将 WinCC 系统（Windows Control Center，视窗控制中心，是一种过程监视系统，具有良好的开放性和灵活性）内的数据转储至实时数据库中存储，并将展示使用数据定时发送至关系数据库，用以画面展示。其他数据暂时存储在实时数据库中，待需要时再将数据发送至关系数据库保存和利用。在写入关系数据库时依然使用可配置的方式来进行软件开发，便于后期维护。数据采集流程如图 2-23 所示。

图 2-23　数据采集流程

② 再生能源利用中心一期和二期。较以上 2 个处置场，数据流量更大。不适合使用关系型数据库直接存储。因此，使用实时数据库来进行存储。一期利用新增的采集套件对数据进行采集，二期利用电子数据系统来获取数据，均存储至实时数据库中，并定时将数据发送至关系数据库，用以画面展示。其他数据暂时存储在实时数据库中，待需要时再将数据发送至关系数据库保存和利用。在写入关系数据库时依然使用可配置的方式来进行软件开发，便于后期维护。

第3章

上海市生活垃圾分类运输处置管理控制系统建设及应用

3.1 系统建设

3.1.1 设备设施

3-54 问：系统内设备设施有哪些？

答：系统定义集装箱、船舶、桥吊、堆场、集卡、正面吊、处置场等设施设备对象，这些对象基本都采用几何或特征参数建模，可以应对未来设备设施的调整变化。其中码头、船舶、桥吊和堆场的几何尺寸是生产作业定位识别的重要基础依据。

3-55 问：集装箱有哪些分类？

答：集装箱按装载垃圾种类分为干垃圾集装箱、厨余垃圾集装箱、餐厨垃圾专用集装箱，集装箱适装垃圾分布统计表见表3-1。

表3-1 集装箱适装垃圾分布统计表

名称	集装箱类型	适装垃圾种类	系统颜色	箱数/个	占比/%
干垃圾集装箱	水平箱、兼容箱	干垃圾	蓝色	1472	62.2

续表

名称	集装箱类型	适装垃圾种类	系统颜色	箱数/个	占比/%
厨余垃圾集装箱	水平箱	厨余垃圾	红色	672	28.4
餐厨垃圾专用集装箱	餐厨箱	餐厨垃圾	橙色	223	9.4

3-56 问：船舶有哪些分类？

答：船舶按吨位可分为 360t、500t、600t 三类，船舶设备详情见表 3-2。

表 3-2　船舶设备详情

船舶吨位/t	船舶号	满载集装箱数量/个	备注
360	3009、3015、2016	16	4 贝位、2 排、2 层
500	5001、5002、5003、5004、5005、5006、5007、5008、5009、5010、5011、5012、5013、5014、5015、5016、5017、5018、021、022	24	4 贝位、3 排、2 层
600	6001、6002、6003、6005、6006、6007、6008、6009、6010、6011、6012、023、025、026、027	30	5 贝位、3 排、2 层

① 360t 船舶结构图，如图 3-1 所示。

② 500t 船舶结构图，如图 3-2 所示。

③ 600t 船舶结构图，如图 3-3 所示。

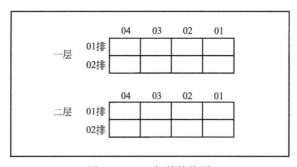

图 3-1　360t 船舶结构图

3-57 问：船舶如何实现定位？

答：基于船舶定位系统，与系统对接后 5min 刷新 1 次，也可按键实时刷新，如图 3-4 所示，点击船舶可查看对应船舶集装箱装载分布情况。

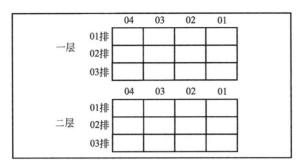

图 3-2　500t 船舶结构图

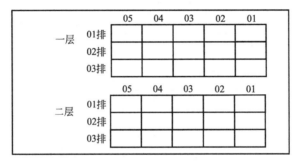

图 3-3　600t 船舶结构图

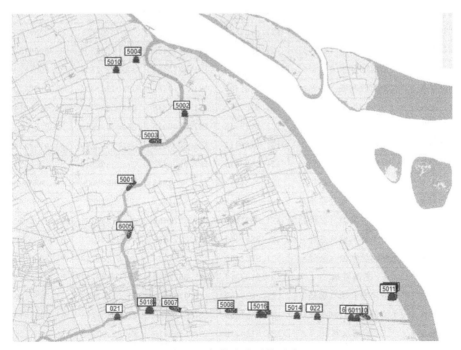

图 3-4　船舶定位系统示意

3-58 问：船舶电子围栏的范围是什么？

答：电子围栏是依据船舶定位系统和船舶预设路线点由系统自动计算产生的。船舶电子围栏设计明细见表 3-3，其中经度偏差值为 0.003°~0.016°，纬度偏差值 0.001°~0.012°。

表 3-3　船舶电子围栏设计明细　　　　　　　单位：(°)

触发模式	点位	经度最大	经度最小	纬度最大	纬度最小
离开触发	黄浦江蕰藻浜	121.5014831	121.4894831	31.37709905	31.36909905
离开触发	黄浦江蕰藻浜	121.5014831	121.4894831	31.37709905	31.36909905
到达触发	大治河水闸口	121.5129416	121.5009416	31.02392249	31.01592249
到达触发	大治河（两港公路桥）	121.8684843	121.8604843	31.0080959	31.0060959
到达触发	大治河（两港公路桥）	121.8684843	121.8604843	31.0080959	31.0060959
到达触发	大治河胜利塘（必经）	121.8831469	121.8771469	31.01261304	31.00061304
到达触发	大治河胜利塘（必经）	121.8831469	121.8771469	31.01261304	31.00061304
到达触发	大治河胜利塘（必经）	121.8831469	121.8771469	31.01261304	31.00061304
到达触发	老港基地	121.9197219	121.8877219	31.05032141	31.02632141
离开触发	黄浦江吴泾渡口	121.4814406	121.4734406	31.05411792	31.04211792
离开触发	黄浦江吴泾渡口	121.4814406	121.4734406	31.05411792	31.04211792
到达触发	大治河水闸口	121.5129416	121.5009416	31.02392249	31.01592249
到达触发	大治河（两港公路桥）	121.8684843	121.8604843	31.0080959	31.0060959
到达触发	大治河（两港公路桥）	121.8684843	121.8604843	31.0080959	31.0060959
到达触发	大治河胜利塘（必经）	121.8831469	121.8771469	31.01261304	31.00061304
到达触发	大治河胜利塘（必经）	121.8831469	121.8771469	31.01261304	31.00061304
到达触发	大治河胜利塘（必经）	121.8831469	121.8771469	31.01261304	31.00061304
到达触发	老港基地	121.9197219	121.8877219	31.05032141	31.02632141
离开触发	大治河水闸口	121.5129416	121.5009416	31.02392249	31.01592249
离开触发	大治河水闸口	121.5129416	121.5009416	31.02392249	31.01592249
到达触发	大治河水闸口	121.5129416	121.5009416	31.02392249	31.01592249
到达触发	大治河（两港公路桥）	121.8684843	121.8604843	31.0080959	31.0060959
到达触发	大治河（两港公路桥）	121.8684843	121.8604843	31.0080959	31.0060959
到达触发	大治河胜利塘（必经）	121.8831469	121.8771469	31.01261304	31.00061304
到达触发	大治河胜利塘（必经）	121.8831469	121.8771469	31.01261304	31.00061304
到达触发	老港基地	121.9197219	121.8877219	31.05032141	31.02632141
离开触发	大治河胜利塘（必经）	121.8831469	121.8771469	31.01261304	31.00061304
离开触发	大治河胜利塘（必经）	121.8831469	121.8771469	31.01261304	31.00061304
到达触发	大治河水闸口	121.5129416	121.5009416	31.02392249	31.01592249

续表

触发模式	点位	经度最大	经度最小	纬度最大	纬度最小
到达触发	大治河水闸口	121.5129416	121.5009416	31.02392249	31.01592249
到达触发	黄浦江川杨河	121.4692523	121.4612523	31.16885867	31.15685867
到达触发	黄浦江蕰藻浜	121.5014831	121.4894831	31.37709905	31.36909905
到达触发	黄浦江蕰藻浜	121.5014831	121.4894831	31.37709905	31.36909905
到达触发	虎林码头	121.4614155	121.4294155	31.36041683	31.34241683
离开触发	大治河胜利塘（必经）	121.8831469	121.8771469	31.01261304	31.00061304
离开触发	大治河胜利塘（必经）	121.8831469	121.8771469	31.01261304	31.00061304
到达触发	大治河泰青河	121.5490329	121.5330329	31.02471851	31.01271851
到达触发	大治河泰青河	121.5490329	121.5330329	31.02471851	31.01271851
到达触发	大治河水闸口	121.5129416	121.5009416	31.02392249	31.01592249
到达触发	黄浦江吴泾渡口	121.4814406	121.4734406	31.05411792	31.04211792
到达触发	黄浦江吴泾渡口	121.4814406	121.4734406	31.05411792	31.04211792
到达触发	徐浦码头	121.4678671	121.4618671	31.13248387	31.12248387
离开触发	大治河胜利塘（必经）	121.8831469	121.8771469	31.01261304	31.00061304
离开触发	大治河胜利塘（必经）	121.8831469	121.8771469	31.01261304	31.00061304
到达触发	大治河航塘港	121.6056046	121.5936046	31.02052059	31.01252059
到达触发	大治河航塘港	121.6056046	121.5936046	31.02052059	31.01252059
到达触发	大治河泰青河	121.5490329	121.5330329	31.02471851	31.01271851
到达触发	大治河水闸口	121.5129416	121.5009416	31.02392249	31.01592249
到达触发	大治河水闸口	121.5129416	121.5009416	31.02392249	31.01592249
到达触发	闵吴码头	121.4497485	121.4377485	31.01596725	31.00596725

3-59 **问：船舶装卸箱作业顺序是什么？**

答：（1）船舶装空箱作业规范

均从船艏舱位向船艉依舱位顺序作业，如 1-2-3-4-5 或 1-2-3-4，上层从陆侧向海侧吊装（1-2-3 排），下层反向从海侧向陆侧吊装。600t 船舶装空箱作业顺序见表 3-4。

表 3-4　600t 船舶装空箱作业顺序

序号	船舶贝位号	排号	层号
1	1	1	1
2	1	2	1
3	1	3	1
4	1	3	2

续表

序号	船舶贝位号	排号	层号
5	1	2	2
6	1	1	2
7	2	1	1
8	2	2	1
9	2	3	1
10	2	3	2
11	2	2	2
12	2	1	2
13	3	1	1
14	3	2	1
15	3	3	1
16	3	3	2
17	3	2	2
18	3	1	2
19	4	1	1
20	4	2	1
21	4	3	1
22	4	3	2
23	4	2	2
24	4	1	2
25	5	1	1
26	5	2	1
27	5	3	1
28	5	3	2
29	5	2	2
30	5	1	2

（2）船舶卸重箱作业规范

① 600t 船舶。从船艉舱位向船艏依舱位顺序 5-4-3-1-2，上层从陆侧向海侧吊装（1-2-3 排），下层反向从海侧向陆侧吊装。600t 船舶卸重箱作业顺序见表 3-5。

表 3-5　600t 船舶卸重箱作业顺序

序号	船舶贝位号	排号	层号
1	5	1	2
2	5	2	2
3	5	3	2

续表

序号	船舶贝位号	排号	层号
4	5	3	1
5	5	2	1
6	5	1	1
7	4	1	2
8	4	2	2
9	4	3	2
10	4	3	1
11	4	2	1
12	4	1	1
13	3	1	2
14	3	2	2
15	3	3	2
16	3	3	1
17	3	2	1
18	3	1	1
19	2	1	2
20	2	2	2
21	2	3	2
22	2	3	1
23	2	2	1
24	2	1	1
25	1	1	2
26	1	2	2
27	1	3	2
28	1	3	1
29	1	2	1
30	1	1	1

② 360t、500t 船舶。从船艉舱位向船艏依舱位顺序 4-3-2-1，上层从陆侧向海侧吊装（1-2-3 排），下层反向从海侧向陆侧吊装。500t 船舶卸重箱作业顺序见表 3-6。

表 3-6　500t 船舶卸重箱作业顺序

序号	船舶贝位号	排号	层号
1	4	1	2

序号	船舶贝位号	排号	层号
2	4	2	2
3	4	3	2
4	4	3	1
5	4	2	1
6	4	1	1
7	3	1	2
8	3	2	2
9	3	3	2
10	3	3	1
11	3	2	1
12	3	1	1
13	2	1	2
14	2	2	2
15	2	3	2
16	2	3	1
17	2	2	1
18	2	1	1
19	1	1	2
20	1	2	2
21	1	3	2
22	1	3	1
23	1	2	1
24	1	1	1

3-60 问：桥吊主要运行参数及设施分布是什么？

答：桥吊吊具额定起重能力为 25t，最大前伸距为 12m，配套 20ft 专用集装箱集装箱固定式专用吊具。桥吊主要运行参数见表 3-7，码头桥吊设施布局见表 3-8。

表 3-7　桥吊主要运行参数

说明		主要参数
起重量	吊具上架下方	30t
额定起重量	吊具下方	25t
集装箱型号	国际标准集装箱	20ft

续表

说明		主要参数
起升速度	空载	50m/min
	满载	25m/min
小车速度	空载	80m/min
	满载	80m/min
大车行走速度		30m/min
大车行走总轮数/驱动轮数		16/8
最大轮压		不大于 25t
吊具前后倾	额定负荷下	±5°
吊具左右倾	额定负荷下	±6°
吊具平面回转	额定负荷下	±5°
维修行车额定起重量		3.2t

表 3-8　码头桥吊设施布局

码头	船首方向	常规作业/台	桥吊号	装卸方式	类型	作业贝位范围
1#码头	一律向东	4	1	装空箱	常用	38~52
			2		常用	25~41
			3	机动设备	调剂	12~28
			4	卸重箱	常用	9~20
			5		常用	1~9
3#码头	一律向南	2	6	卸重箱	常用	1~26
			7	机动设备	调剂	17~44
			8	装空箱	常用	29~55
			9	装空箱	备用	44~64

3-61 **问：桥吊处智能识别设备安装位置及功能是什么？**

答：对于桥吊处智能识别设备，在每台桥吊海侧安装 4 个、陆侧安装 2 个高清球机用于识别集卡作业时的箱号和车号，其安装位置及功能见表 3-9，桥吊智能识别设备安装点位如图 3-5 所示。

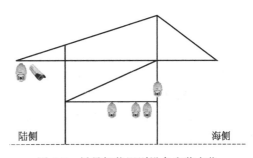

图 3-5　桥吊智能识别设备安装点位

表 3-9　桥吊智能识别设备安装位置及识别功能

摄像机编号	安装位置	识别功能
1	右联系梁车道正上方	集装箱前箱号
2	左联系梁车道正上方	集装箱后箱号
3	右联系梁	车道集卡车顶号
4	海侧左大梁高 7m 处	侧箱号
5	后大梁平台	集卡车顶号
6	后大梁平台	集装箱侧箱号

3-62　**问：桥吊处智能识别设备网络结构是什么？**

答：桥吊智能识别设备网络结构如图 3-6 所示，桥吊处集装箱箱号及集卡车顶号识别图如图 3-7 所示。

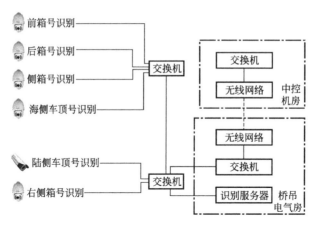

"——"室外超五类屏蔽网线

图 3-6　桥吊智能识别设备网络结构

3-63　**问：码头入口及出口处智能识别安装位置及功能是什么？**

答：① 码头入口为单车道，共部署 4 台高清摄像机分别用于识别车顶号、前箱号、后箱号。

② 码头出口为单向双车道，靠海侧为 1 号车道，另一条则为 2 号车道，每条车道部署 4 台高清摄像机分别用于识别车顶号、前箱号、后箱号，共计 8 台。

图 3-7　桥吊集装箱箱号及集卡车顶号识别图

桥吊智能识别设备安装位置及功能见表 3-10。

表 3-10　桥吊智能识别设备安装位置及功能

摄像机编号	安装位置	功能
1	入口立杆中部	识别右侧箱号
2	入口立杆中部	识别车牌号
3	车道上方	识别前箱号
4	车道上方	识别后箱号
5	出口右立杆中部	识别右侧箱号
6	出口右立杆中部	识别车牌号
7	1 号车道上方	识别前箱号
8	1 号车道上方	识别后箱号
9	出口左立杆中部	识别左侧箱号
10	出口左立杆中部	识别车牌号
11	2 号车道上方	识别前箱号
12	2 号车道上方	识别后箱号

3-64　问：码头入口及出口处智能识别设备网络结构是什么？

答：码头入口及出口智能识别设备网络结构如图 3-8 所示，码头入口及出口处集装箱箱号和集卡车牌号识别图如图 3-9 所示。

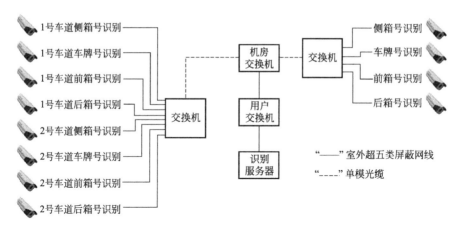

图 3-8 码头入口及出口智能识别设备网络结构

图 3-9 码头入口及出口处集装箱箱号和集卡车牌号识别图

3-65 问：如何实现桥吊自动化数据采集？

答：① 无线基站。为实现与集控中心网络通信，在各桥吊上安装一套增强天线，为了缩短通信距离和避免信号遮挡，无线天线安装于桥吊高处。另外在陆侧立杆高点安装 1 个无线基站，无线基站与集控中心之间采用光纤连接。为不妨碍桥吊的正常作业，在各桥吊电气室 PLC 柜中新增一台西门子 PLC，以获取上层应用系统所需求的大量生产过程数据，如吊桥位移、轻重箱标识等信息。

② 激光测距仪。为获取大车位移，因此在各桥吊的近电气室侧的大轮上

方安装激光测距仪来获取绝对位移，激光测距仪通过网线连接至新增的西门子 PLC 设备。

③ 无线 AP。是用户进入有线网络的接入点，包含桥吊采集 PLC，箱号识别服务器，集卡、桥吊、正面吊终端等。考虑到现场环境以及桥吊的移动、抖动等因素，使用的无线流量在 25～30Mbit/s，为保证 PLC 等重要生产数据的传输，对除 PLC 外的其余设备进行总流量为 2Mbit/s 的流量限制。桥吊数据采集网络结构如图 3-10 所示。

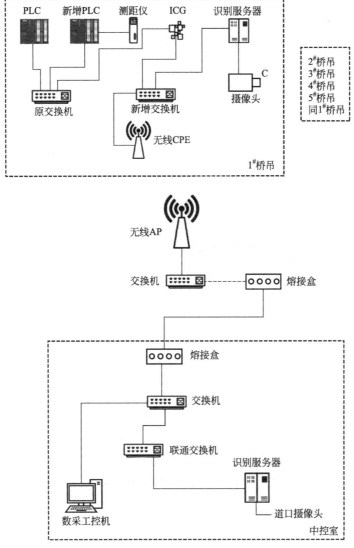

图 3-10　桥吊数据采集网络结构

3-66 问：桥吊数据采集如何视为一次作业完成？

答：在每个桥吊主控 PLC 柜内新增一套信息通信 PLC，并保持与原系统品牌相同，用于采集主控 PLC 中的主要生产过程数据，与数采工控机建立通信并上传数据。通过新增 PLC 设备读取桥吊主控 PLC 中的关键生产数据，同时获取小车位移以及抓钩位移，通过激光测距仪获取大车的位移，以此实现集装箱内部跟踪。另外，根据箱子在提起过程中的重量变化，来判断集装箱是否为重箱。在发送端程序中通过配置文件的方式来进行操作，所有数据获取完毕后，发送至数据库中，吊箱与落箱为一组数据，视为一次作业完成。

3-67 问：码头区域的交换机如何配置？

答：码头区域交换机配置如下。

① 桥吊处交换机接口设置为 access 模式，并划入 Vlan4。将 7# 以及 8# 高速以太口划归视频识别使用，并限速 2Mbit/s。

② 基站处交换机配置 1 个光模块，接口模式设置为 access，并划入 Vlan4。

③ 码头中控机房交换机 1 个光模块，交换机 1# ～ 6# 高速以太口设置 access 模式，并划入 Vlan4。7# 以及 8# 高速以太口设置 trunk 模式，并允许 Vlan4 数据通过，通过设置 trunk 模式的高速以太口与骨干网交换机对接。

3-68 问：码头堆场如何进行建模？

答：根据现有堆场的基础数据进行建模，包括堆场的名称、所在码头、长度、宽度、层数、坐标信息、当前状态等，粒度细化到每一个具体的贝位，通过对堆场贝位区域设定多种层级堆放规则，记录桥吊作业实际的堆放位置，供系统做作业堆放计划，为操作人员提供目视清晰化、校错提醒等提供帮助。老港 1# 码头堆场共 52 个贝位，三维码头界面如图 3-11 所示，3# 码头堆场共 64 个贝位。

图 3-11 三维码头界面图

3-69 问：**"码头堆场"界面有什么功能？**

答：采用先进的 3D 绘图协议，基于浏览器的实体三维图形技术，支持图形缩放、视角变换、平面截图、动画，甚至与图形对象交互操作。实体界面上的对象图元都是可以根据类型或状态定义其颜色和纹理的，可通过界面分布的视角选择键、放大缩小键、集装箱类型选择键视察码头堆场的细节内容，其中的船舶、桥吊、堆场、集装箱、集卡等都是可以交互的业务对象，点击它们将弹出不同的交互界面。

① 船舶。显示泊位计划，剩余工作量，船舶归属、状态、船长信息等。中控人员可更改或确认基准贝位，改变船舶的工作状态，直接发送消息至船舶终端。

② 码头。岸线采用黑粗实线，贝位号在岸线内侧和后车道的外侧标注。

③ 桥吊。显示桥吊当前工作方式（装重箱、装空箱、卸重箱、卸空箱、边装边卸）、工作状态（故障、保养、停机）、驾驶员信息等。中控人员可更改桥吊工作方式和工作状态，直接发送消息至桥吊终端。

④ 堆场。排号在堆场两侧端头空位标注，空贝位、作废贝位。堆场放箱的则采用集装箱的图元覆盖，集装箱堆放层高标注在集装箱左上角。点击可显示编辑堆场的堆放规则、贝位的堆放规则，贝位的装载履历记录。

⑤ 集装箱。箱号（标注在正中）、箱类型（按颜色区分）、重/空箱（按集装箱右上角小圆点表示，重箱采用实心，空箱采用空心）、坏箱（用"×"在集装箱上进行标注）。点击选中集装箱显示落箱时间、来源信息，单击左上角层数字上可切换层显示。

⑥ 集卡。显示集卡作业安排及信息。

3-70 问：**堆场装卸箱作业顺序是什么？**

答：码头堆场上每个贝位共有 6 排，可堆放 2 层。其中 1～4 排为桥吊前伸距，5 排和 6 排为桥吊后伸距。前伸距在正常集装箱作业情况下堆放，后伸距为堆放故障、保养、应急、特殊等状态的集装箱，所以正常集装箱堆场放箱作业不会进行后伸距的吊装。但堆场卸箱作业时，非保养箱处置桥吊需对后伸距集装箱进行作业，空箱桥吊处集装箱都是从集装箱维修区修复后由正面吊好箱置入的，此时需先吊装后伸距集装箱。桥吊吊装顺序见表 3-11。

表 3-11　桥吊吊装顺序

作业方式	序号	排号	层号	前、后伸距
装箱	1	1	1	前

续表

作业方式	序号	排号	层号	前、后伸距
装箱	2	2	1	前
装箱	3	3	1	前
装箱	4	4	1	前
装箱	5	1	2	前
装箱	6	2	2	前
装箱	7	3	2	前
装箱	8	4	2	前
卸箱	1	6	2	后
卸箱	2	5	2	后
卸箱	3	6	1	后
卸箱	4	5	1	后
卸箱	5	4	2	前
卸箱	6	3	2	前
卸箱	7	2	2	前
卸箱	8	1	2	前
卸箱	9	4	1	前
卸箱	10	3	1	前
卸箱	11	2	1	前
卸箱	12	1	1	前

3-71 问：船舶终端具有什么功能？

答：船舶终端安装于船舶驾驶室内，由船长进行操作，主要功能有航线通知、故障申报、封航通知、靠泊、离泊确认及作业历史查询。船舶终端界面图如图 3-12 所示。

操作键主要功能如下。

① 故障延误。在船舶未到目的港的情况下，系统内未生成泊位计划，船舶由于故障导致延误抵港，点击此功能键后系统内申报船舶故障，船期计划内船舶状态显示故障，预计到港时间在船舶故障修复后将重新计算。

② 故障急靠。在船舶已到达目的港的情况下，系统内已生成泊位计划，点击此功能键后系统内申报船舶故障，且急需靠泊进行卸箱作业，此时在泊位计划内将此船进行置顶应急作业。

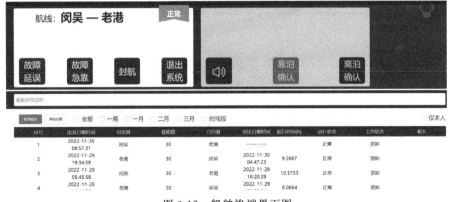

图 3-12　船舶终端界面图

③ 封航。在船舶遇到封航的情况下使用，点击此功能键后系统收到船舶封航等待通知，在船期计划状态内显示封航，预计到港时间在取消封航后将重新计算。

④ 退出系统。当船舶完成本班次作业时，点击此功能键可退出系统。

⑤ 语音播报键。点击此功能键可重复播报指令信息内容。

⑥ 靠泊确认。船舶生成泊位计划后，根据系统设置将提前发布靠泊指令或移位指令，收到靠泊指令或移位指令后，船舶根据指令要求进行靠泊作业，待靠泊完成后点击此功能键，在系统内完成靠泊确认，桥吊终端收到对应信息，开始作业。确认靠泊后，系统或中控未重新发布靠泊指令，船舶无法再次进行确认靠泊，如需重新靠泊，需联系中控室进行人工发布。

⑦ 离泊确认。若船舶装箱作业完成，点击此功能键后系统收到船舶离泊确认信息，在泊位计划中完成对应作业任务，并生成泊位计划履历。若未操作离泊确认，当船舶驶离系统设定的电子围栏处将自动离泊。

⑧ 作业明细统计。可按船期履历、靠泊位置、时间段等进行自定义筛选查询，包括出发日期时间、出发港、载箱数、到达日期时间、航行时间（h）、运行状态、工作状态、船长等信息。

3-72　问：桥吊终端具有什么功能？

答：桥吊终端安装于桥吊驾驶室内，由桥吊驾驶员进行操作，主要功能有船舶靠泊确认通知、作业指令、坏箱报告、故障报告及作业历史查询。桥吊终端界面图如图 3-13 所示。

操作键主要功能如下。

图 3-13 桥吊终端界面图

① 新指令。当桥吊由于异常未生成指令时，点击此功能键后可生成新指令。

② 暂停。当桥吊驾驶员由于桥吊故障或其他原因需要临时性暂停桥吊吊装作业时，点击此功能键后可暂停作业，系统将不再对集卡发布该桥吊作业指令，取消暂停后，恢复当前桥吊作业指令。

③ 下班确认。当桥吊驾驶员完成本班次作业时，点击此功能键可退出系统。

④ 作业历史。点击此功能键后显示当前桥吊本班次工作时间内作业历史履历。

⑤ 坏箱报告。若桥吊驾驶员在作业时发现集装箱出现故障，点击此功能键可显示当前桥吊作业记录中最新的箱号，通过勾选集装箱故障类别进行坏箱报告。

⑥ 故障报告。当桥吊发生故障时，点击此功能键后在系统内申报桥吊故障，故障申报后系统将不再对集卡发布该桥吊作业指令，待桥吊故障解除后，桥吊驾驶员通过选择当前类型、抢修状态，点击确认后在已存在报告下更新故障报告修复状态为已修复，恢复当前桥吊作业指令。

⑦ 上一条。当前作业桥吊已发布指令的上一条作业指令。

⑧ 下一条。当前作业桥吊已发布指令的下一条作业指令。

3-73 问：集卡终端具有什么功能？

答：集卡终端安装于集卡驾驶室内，由集卡驾驶员进行操作，主要功能有作业指令、坏箱报告、卸点关闭、故障报告及作业历史查询。集卡终端界面图如图 3-14 所示。

操作键主要功能如下。

① 上一条。当前作业集卡已发布指令的上一条作业指令。

② 下一条。当前作业集卡已发布指令的下一条作业指令。

③ 坏箱报告。若桥吊驾驶员在作业的时候发现集装箱出现故障，点击此功能键可显示当前集卡作业记录中最新的箱号，通过勾选集装箱故障类别进行

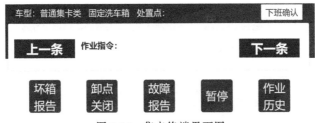

图 3-14　集卡终端界面图

坏箱报告。在坏箱报告中还可勾选"是否抢修"，勾选后系统将通知中控室，由中控人员通知集装箱维修人员对该箱进行抢修作业，若不勾选则默认为不需要抢修。

④ 卸点关闭。当集卡驾驶员在末端卸点进行作业时，由于异常情况或其他原因需要关闭卸点，点击此功能键后系统将关闭此卸点，不再发布该卸点作业指令，待中控人员确认卸点开启后，再发布作业指令。

⑤ 故障报告。当集卡车辆发生故障时，点击此功能键进行车辆故障报告，其中故障类型分为集卡故障、集卡集装箱双故障，带箱情况分为重箱、空箱，还可勾选"是否抢修"，勾选后系统将通知中控室，由中控人员通知集装箱维修人员对该箱进行抢修作业，若不勾选则默认为不需要抢修。当集卡车辆故障排除后，请再次进入此页面，勾选"已修复"后集卡恢复正常作业状态。

⑥ 暂停。当集卡驾驶员由于特殊情况需要临时性暂停作业时，点击此功能键后可暂停作业，系统将不再发布作业指令，取消暂停后，恢复作业指令。

⑦ 作业历史。可查看本班次或本月实时作业统计及作业明细信息。

⑧ 下班确认：当集卡驾驶员完成本班次作业时，点击此功能键可退出系统。

3-74　问：正面吊终端具有什么功能？

答：正面吊终端安装于正面吊驾驶室内，由正面吊驾驶员进行操作，主要功能有坏箱移除和好箱置入功能。正面吊终端"坏箱移除"界面图如图 3-15 所示。正面吊终端"好箱置入"界面图如图 3-16 所示。

（1）坏箱移除

当正面吊驾驶员从桥吊后伸距将待维修、保养集装箱吊装至集装箱维修区时，需通过此界面进行操作，操作键主要功能如下。

① 新增。当正面吊驾驶员操作坏箱移除时，若发现系统内无场地后伸距对应集装箱，需先在"后伸距-坏箱堆场"界面内选择对应贝位号、排号、层号，点击此功能键可在系统内对应位置新增集装箱。

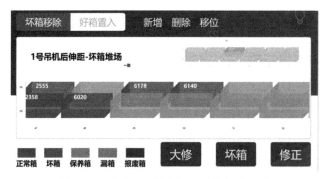

图 3-15　正面吊终端"坏箱移除"界面图

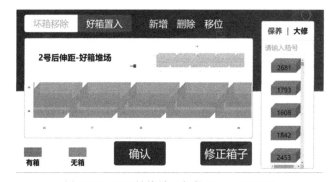

图 3-16　正面吊终端"好箱置入"界面图

② 删除。当正面吊驾驶员操作坏箱移除时，若发现场地后伸距无系统内对应集装箱，需先在"后伸距-坏箱堆场"界面内选择对应集装箱，点击此功能键可在系统内对应位置删除集装箱。

③ 移位。当正面吊驾驶员操作坏箱移除时，若发现场地后伸距与系统内对应集装箱位置不同，需先在"后伸距-坏箱堆场"界面内选择对应集装箱，点击此功能键后选择实际集装箱所在贝位号、排号、层号，确认后集装箱将在系统内进行移位。

④ 大修。正面吊驾驶员操作坏箱移除时，先选中"后伸距-坏箱堆场"界面内对应集装箱位置，当所选集装箱需要长时间修理，如喷漆等，点击此功能键后移除集装箱，将与普通维修箱、保养的集装箱在好箱置入界面内分开统计。

⑤ 坏箱。正面吊驾驶员操作坏箱移除时，先选中"后伸距-坏箱堆场"界面内对应集装箱位置，当所选集装箱仅需简单修理或保养时，点击此功能键后移除集装箱，将与大修的集装箱在好箱置入界面内分开统计。

⑥ 修正。正面吊驾驶员操作坏箱移除时，若发现场地后伸距集装箱箱号

与系统内不一致，先选中"后伸距-坏箱堆场"界面内对应集装箱位置，点击此功能键后输入修正集装箱箱号，确认进行更改。

（2）好箱置入

当正面吊驾驶员从维修区域将已修复、已保养集装箱吊装至桥吊后伸距时，需通过此界面进行操作，操作键主要功能如下。

① 新增。当正面吊驾驶员操作好箱置入时，在保养或大修列表内无法查找到对应集装箱箱号，点击此功能键可在保养或大修列表内新增集装箱，其中保养列表中包括维修箱。

② 删除。当正面吊驾驶员操作好箱置入时，在保养或大修列表内有多余集装箱箱号，集装箱维修区内无此集装箱时，点击此功能键可在保养或大修列表内删除集装箱。

③ 移位。当正面吊驾驶员操作好箱置入时，若发现场地后伸距与系统内对应集装箱位置不同，需先在"后伸距-坏箱堆场"界面内选择对应集装箱，点击此功能键后选择实际集装箱所在贝位号、排号、层号，确认后集装箱将在系统内进行移位。

④ 确认。当正面吊驾驶员操作好箱置入时，需先在"后伸距-好箱置入"界面内选择对应贝位号、排号、层号，在保养或大修列表内查找集装箱箱号，选中集装箱箱号后点击"确定"，将已维修集装箱放置至系统内指定位置。

⑤ 修正箱子。正面吊驾驶员操作好箱置入时，若发现场地后伸距集装箱箱号与系统内不一致，先选中"后伸距-好箱置入"界面内对应集装箱位置，点击此功能键后输入修正集装箱箱号，确认后进行更改。

3-75 问：信息化设备编号规则是什么？

答：每个信息化设备都有对应的设备编号，每个编号共 9 位，由 5 位英文字母和 4 位数字组成。第 1、2 位为统一代号，均用字母"BS"表示；第 3～5 位为设备类别，用 3 位英文字母表示，根据设备的用途分类，如识别设备用"ICR"表示、自动化设备用"PLC"表示等；第 6～9 位为流水号，用 4 位数字表示，根据数量逐一进行编号。如 BSICR0001，表示信息化智能识别设备 1 号设备。

3.1.2 生产调度

3-76 问：作业规则对象结构关系是什么？

答：作业规则对象结构关系如图 3-17 所示。

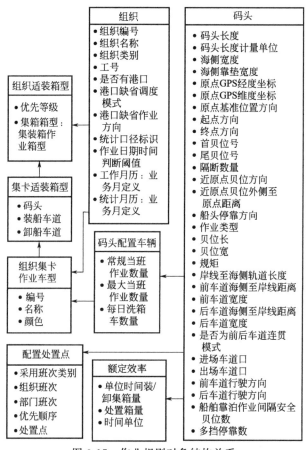

图 3-17 作业规则对象结构关系

主要对象如下。

① 组织适装箱型。定义组织适用的箱型，为码头空箱返航设定规则。

② 集卡适装箱型。从属于组织集卡作业车型，定义组织集卡作业车型适装的垃圾。

③ 组织集卡作业车型。定义组织的集卡类型，包括内集卡、餐厨集卡、外部集卡。

④ 码头配置车辆。定义码头每日出车数量，如果不定义系统也可自动计算。

⑤ 配置处置点。定义码头各班次对应的处置点和顺序。

⑥ 额定效率。定义码头单位时间工作量和单位时间处置量，表示为定额。

3-77 问：船舶运输路线如何设置？

答：船舶运输路线是通过船舶相关信息维护界面进行设置的，可对船舶起点路径、航线线路、船舶装载集装箱使用状态进行设置。通过设置可调节船舶的航行路线，在船舶发生故障的情况下，可自定义允许装载集装箱舱位。"船舶运输线路"设置操作界面图如图 3-18 所示。

图 3-18　"船舶运输线路"设置操作界面图

3-78　问：什么是船期计划？

答：船期计划是指未来到达目的港的船舶顺序计划，是在运输船舶的排队次序基础上的船舶运输计划，是各码头安排泊位计划的基础。船期计划包含船号、载箱数、船舶集装箱分布情况、计划停靠码头、出发港、出发时间、船舶当前位置、预计到港时间、实际到港时间、状态、船期号及备注。

3-79　问：船期计划如何进行调度？

答：船期计划触发点是出水闸后，计划分配的主要依据有以下三个方面：一是在作业规则功能中根据老港码头对应处置点的距离值及常规桥吊数量和单机装卸效率提前计算出额定效率，中控室可调整此效率值；二是老港各码头的已分配作业量；三是干湿垃圾的配比量。船期计划的调度是对已安排好的船期计划进行重新排序及安排新的码头，如船与船交互、故障船加急插队卸船，作业需求可改变船期顺序等。

　　系统将自动生成船期计划，自动分配码头，提醒中控室延误船舶、实施调度管控。其中计划停靠码头是由系统根据码头分配规则计算出的推荐方案，可由目的港中控人员确认后发送给船舶终端。船舶驾驶员可通过船舶终端报告船舶故障状态和到港要求，如延误、急靠等，目的港基地中控人员也可编辑修改先后顺序和状态。泊位计划产生后，船期计划依然存在，一旦船舶靠泊确认开始装卸作业后，本船期自动完成，当前船期表中将被删除转存为船期履历。船期计划与调度的对象结构关系如图 3-19 所示。

3-80　问：什么是泊位计划？

答：泊位计划是指在船期计划的基础上安排来港船舶停靠的码头具体贝

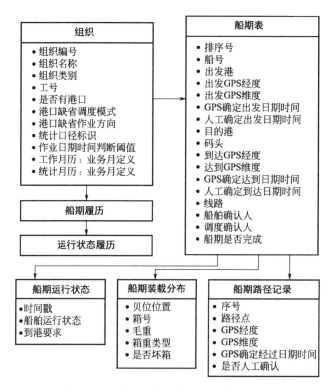

图 3-19　船期计划与调度的对象结构关系

位。本系统的泊位是围绕着桥吊展开的，直接发布船舶靠泊指令到桥吊对应的基准贝位，船舶按照船期顺序依次靠泊，基准贝位将由系统的泊位计划推荐或中控人工填报。涉及的主要内容有以下几方面。

① 通过预设路径点自动触发泊位计划，泊位计划自动发布船舶终端，由船舶驾驶员在终端操作，中控人员也可在系统内进行确认，确认后系统即可获取船舶靠泊信息，并为后续作业指令提供依据。

② 重船靠泊需先考虑堆场已有重箱分布情况，靠泊时进行均衡化作业。如某重箱桥吊下集装箱比较多，另一个桥吊下集装箱比较少，泊位计划则应优先安排在集装箱较少的桥吊处，以利于桥吊同步作业，避免桥吊待工现象的发生。

③ 重船靠泊优先靠近空箱作业区桥吊处，由于集卡空箱和重箱作业距离近，可提升作业效率。

④ 当桥吊作业没有船舶，但堆场有重箱的情况下，先安排桥吊进行堆场重箱装车作业，后续到达船舶靠泊时要根据目前桥吊大车所处位置进行安排或

调整，尽量减少桥吊大车移动。

⑤ 中控发布卸船堆场作业命令时，要选择堆场上场地空余较多的贝位进行停靠。

3-81 问：泊位计划如何分类？

答：泊位计划与船期计划是一一对应的，而泊位计划正常情况分为两种，即卸重箱和装空箱，泊位计划上半部分为卸重箱泊位计划，下半部分为装空箱泊位计划。但在应急情况下，也会开启边装边卸模式，边装边卸船舶对应的泊位计划只会在上半部分，不会产生移位泊位计划。

在船舶未完成卸重箱或装空箱需要移位时也可能会出现两条以上计划，此时需要经过中控人员人工操作发布移位泊位计划，船舶终端再次收到靠泊指令，船舶驾驶员需再次操作终端确认靠泊方可完成一次移位，移位后泊位计划由系统自动计算。当船舶离泊后，泊位计划中将自动删除转存入泊位计划履历。

3-82 问：船舶在系统内如何触发离泊？

答：系统内船舶的"运输线路"起点路径点设置生成船期计划事件，这是对出发港当前泊位计划内未离港确认的船舶实施离港确认，有三种方式可以触发：船舶终端、中控、GPS 位置自动侦测。离港确认后触发船期计划事件，但在此船的前一个船期没结束时不能生成新的船期，因此不会出现重复生成船期计划的现象。注意：对于新船或修理完后第一次投入使用的船舶，在经过关键路径点时都将自动生成泊位计划，但此时没有对应的船期，所以此时没有装载记录，但泊位计划依然可生成。

3-83 问：生产作业指令有什么功能？

答：生产作业涉及船舶、桥吊、集卡、集装箱和堆场的协同，桥吊和集卡的每一步操作都按系统发出的指令操作，有利于发挥信息共享优势，同时降低二次吊装、提高作业效率和规范安全操作。主要功能如下。

① 动态呼叫功能。处置场可根据实际作业情况发布动态需求量，系统接收需求量后结合现场作业实际情况给予最快响应，发布精准作业指令。

② 空箱返航。根据来港船舶码头各集装箱箱型的需求量，在空箱装船返航时统筹考虑，按需返还，发挥智能协同的作用。

③ 坏箱、保养箱等特殊箱的挑选功能。根据人工标记的坏箱或系统自动按保养周期设定的保养箱，自动进行指令发布，对集装箱进行有计划的维修、保养。

④ 在特殊情况下，中控人员可根据实际作业需求对船舶、桥吊、集卡的驾驶员发布紧急指令，有利于进行灵活调度。

3-84 问：生产作业指令流程是什么？

答：集装化生活垃圾末端智慧管控及转运作业流程如图 3-20 所示。

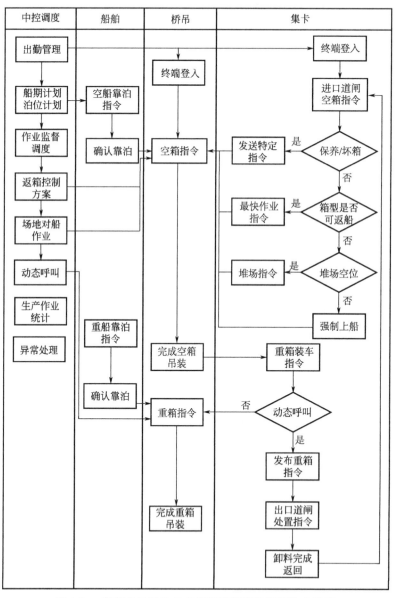

图 3-20 集装化生活垃圾末端智慧管控及转运作业流程

3-85 问：中控室在作业指令中发挥什么作用？

答：中控室作为系统核心调度管理部门，是船期、泊位、装卸作业、处置调度、资源分配、异常干预、计划策划等所有生产作业活动的主要管控者，主要起到生产效率的提升以及异常及时预防和处理的作用。当船舶、桥吊、集卡未收到指令或因实际需求需要调整指令实施时，中控室均需人工干预，发布紧急指令，进行异常处理等。

3-86 问：船舶作业有哪些指令？

答：船舶作业指令分为靠泊指令、移位指令。其逻辑为在本码头泊位触发规则对象中，所有船型的自动分配下一船泊位的剩余箱数为一个固定值，当桥吊对船舶进行作业时，前船剩余作业箱等于自动分配下一船泊位的剩余箱数时，查找泊位计划记录对象中与本桥吊作业类型相似的作业类型（卸重箱、边卸重箱边装空箱、装空箱），对泊位计划中队列最小序号的未靠泊船发布指令，在船舶终端发布并播报，靠泊计划基准码头贝位为当前桥吊的正贝位号对象最小序号的贝位号。

3-87 问：桥吊作业有哪些指令？

答：桥吊作业指令分为重箱指令、空箱指令、紧急指令。触发点为桥吊PLC、视频识别系统，输入数据有集卡车牌、集装箱箱号、动态呼叫。

（1）桥吊重箱指令

桥吊重箱指令逻辑图如图 3-21 所示，具体内容如下。

① 优先船舶作业，当重箱船舶靠泊确认后，触发大车移动指令："船舶已靠泊某贝位（即设置的基准贝位号），请移动到某贝位（即设置的基准贝位号），准备作业"。当无船舶作业时，对场地重箱进行卸场装车作业。

② 判断等待作业集装箱是否为"坏箱"并标记为"抢修"，若是则发布"请堆放桥吊后伸距"指令，对标记"抢修"的重坏箱先作业后维修。

③ 判断餐厨箱是否动态呼叫，根据船舶和堆场集装箱堆放位置计算进行指令发布。

④ 若餐厨箱未动态呼叫，发布指令对待作业餐厨箱进行堆场作业。

（2）桥吊空箱指令

桥吊空箱指令逻辑图如图 3-22 所示，具体内容如下。

① 优先船舶作业，当空箱船舶靠泊确认后，触发大车移动指令："船舶已靠泊某贝位（即设置的基准贝位号），请移动到某贝位（即设置的基准贝位号），

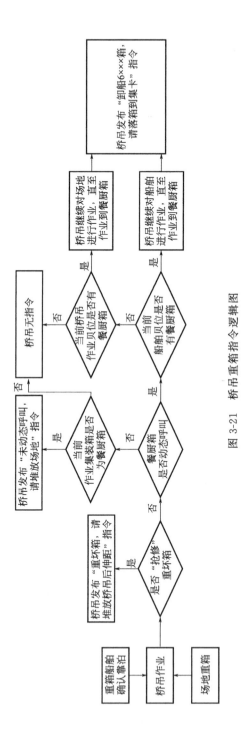

图 3-21 桥吊重箱指令逻辑图

准备作业"。当无船舶作业时，对空箱进行卸车堆场作业。

② 判断等待作业集装箱是否为"坏箱""保养箱"，若是则发布"请堆放桥吊后伸距"指令。

③ 判断是否满足已靠泊船只返箱需求，若满足则发布"卸箱装船"指令，若不满足则判断场地当前贝位是否有空位，有则发布"卸箱堆场"指令，无则发布"强制上船"指令。

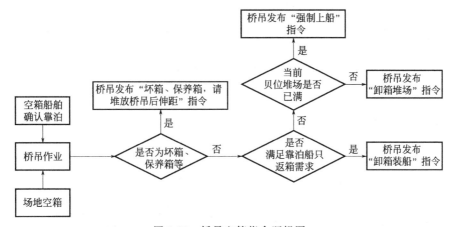

图 3-22　桥吊空箱指令逻辑图

（3）桥吊紧急指令

在识别错误或其他异常情况下，由中控人员进行人工发布。

3-88　问：集卡作业有哪些指令？

答：集卡作业指令分为重箱指令、卸点指令、空箱指令、紧急指令。

（1）集卡重箱指令

集卡重箱指令逻辑图如图 3-23 所示，具体内容如下。

① 判断等待作业集装箱是否为"坏箱"并标记为"抢修"，若是则发布"请注意，桥吊跨车道堆场作业"安全警示语音，若未标记"抢修"的重坏箱则先作业再维修。

② 判断餐厨箱是否动态呼叫，在呼叫情况下判断等待作业集装箱是否为餐厨箱，若是则发布对应指令，若不是则餐厨箱发布当前重箱作业桥吊号提示语音。在未动态呼叫情况下，若等待作业集装箱为餐厨箱则发布"请注意，桥吊跨车道堆场作业"安全警示语音，反之则发布当前重箱作业桥吊号提示语音。

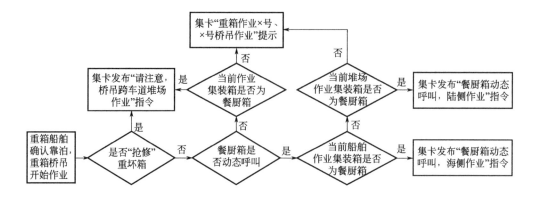

图 3-23　集卡重箱指令逻辑图

（2）集卡卸点指令

卸点指令逻辑图如图 3-24 所示，具体内容如下。

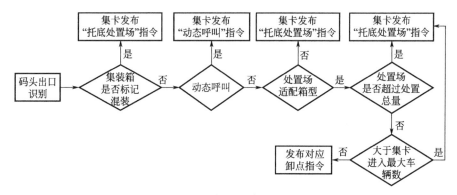

图 3-24　卸点指令逻辑图

① 判断集装箱是否标记混装，混装情况下发布"托底处置场"指令。

② 判断是否进行动态呼叫，动态呼叫发布对应指令。

③ 处置场可进入适配箱型进行匹配，与匹配处置的今日作业处置总量及允许进入最大车辆数进行判断，发布对应指令，若无法匹配则发布"托底处置场"指令。

（3）集卡空箱指令

集卡空箱指令逻辑图如图 3-25 所示，具体内容如下。

① 判断等待作业集装箱是否为"坏箱""保养箱"，若是则发布"请堆放桥吊后伸距"指令。

② 判断是否满足已靠泊船舶返箱需求，若满足则发布"卸箱装船"指令，

若不满足则判断场地当前贝位是否有空位，有则发布"卸箱堆场"指令，无则发布"强制上船"指令。

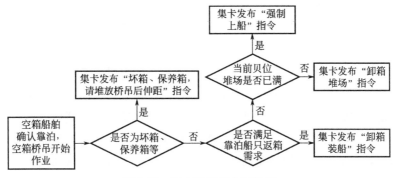

图 3-25　集卡空箱指令逻辑图

（4）集卡紧急指令

在识别错误或其他异常情况下，由中控人员发布紧急指令。

3-89　问：系统异常代码规则如何设置？

答：系统异常触发对象类型定义如下。

① 00——中控。

② 10——船舶终端。

③ 20——码头。

④ 30——进口道闸 ICR。

⑤ 35——出口道闸 ICR。

⑥ 40——桥吊 PLC。

⑦ 50——桥吊 ICR。

⑧ 60——桥吊终端。

⑨ 70——集卡终端。

⑩ 80——正面吊终端。

⑪ 90——其他。

异常代码定义为五位数（以区别集装箱箱号、集卡号、船号的 4 位数），前两位取上面的异常触发对象类型的码值，后三位取定长的数字值，如 001。因此，每个异常触发对象类型拥有自身的异常代码。

异常等级定义为 1 级、2 级、3 级、4 级，分别用红色、橙色、黄色、蓝色标示，一级为最高等级，向下递减。

3-90 问：异常处理有哪些内容？

答：生产作业过程中不可避免地会发生预警及异常，这些异常可能为：船舶未按指令靠泊、桥吊未按指令顺序进行装卸作业、集卡未按指令执行停错桥吊、视频识别设备无法读取正确的集卡车号或集装箱箱号、桥吊根据指令到达提箱位置而无集装箱或集装箱箱号与指令不符等。以上这些异常是不可能被全部罗列的，所以需要有一套机制能适应不断发现的异常。其中有些异常是可以被系统重新调度的，如集卡停错桥吊，但正确桥吊就在行驶方向的前方，可提醒其继续行驶到正确桥吊。另外一些异常是可被系统自动补偿解决的，如码头道闸未识别正确箱号或车号，在桥吊视频识别正确时可进行补偿。因此，真正要处理的异常是不可补偿和挽回的异常，这些异常等级应是最高的，系统将给出相关信息及提示后进行人工干预。

3.2 系统应用

3.2.1 岗位职责

3-91 问：码头中控人员岗位职责有哪些内容？

答：① 使用本人工号登录信息化管控系统，若登录异常应及时联系运维人员。

② 检查系统是否正常运行，查看交接班记录。

③ 审核、核对各类信息，桥吊、集卡、正面吊出勤人员信息及登录状态，对未出勤作业设备进行提醒，异常情况下终端无法登录，由中控人员进行远程登录。

④ 作业过程中，实时掌握末端处置实际量，合理安排生产作业，根据来港量及场地堆箱情况进行调整。

⑤ 根据船只到港情况，分配 1$^\#$、3$^\#$ 码头作业船只，核对并修正泊位计划中船舶无计划、船舶顺序错误等异常情况。

⑥ 异常处理。根据异常处理界面进行数据修正，通过紧急指令对未生成指令（包括空箱、重箱动态呼叫、卸点指令）进行人工补发，若系统出现中控人员无法解决的异常，及时联系运维人员。

⑦ 堆箱区域出现问号箱时，系统无法跟踪查询，应及时确认并进行人工补录，提升堆场准确率。

⑧ 桥吊需跨车道堆场作业时，在系统中开启堆场作业指令。

⑨ 每天生产作业结束后，及时检查系统内各报表，确认无误后上报。

⑩ 对生产管控系统中所有异常进行记录，填写每班次交接班记录。

⑪ 作业完毕后，退出系统。

3-92　**问：集卡驾驶员岗位职责有哪些内容？**

答：① 使用本人工号并选择对应班次登录信息化系统，若登录异常应及时通知中控室。

② 根据码头出、入闸口集卡作业规范要求进行驾驶。

③ 根据系统分配指令进行作业，未接收到指令者，在规定区域进行等待并报告中控室，等待接收紧急指令，收到作业指令后方可进行作业。

④ 作业时发现坏箱、坏车时，通过终端进行一键报修。

⑤ 于东码头维修区域由正面吊进行空箱装车，重车试车按正常作业分配指令获取重箱。

⑥ 作业完毕后，退出系统。

3-93　**问：桥吊驾驶员岗位职责有哪些内容？**

答：① 使用本人工号并选择对应班次登录信息化系统，若登录异常应及时通知中控室。

② 确认靠泊船舶是否与系统中一致，船舶未确认或船舶位置与系统中不一致，需及时通知中控室，一致后方可进行作业。

③ 根据终端指令进行吊装作业，未接收到指令或指令与实际车号、箱号不符，报告中控室，等待紧急指令，收到作业指令后方可进行吊装。

④ 作业时发现坏箱、坏车时，通过终端进行一键报修。

⑤ 作业完毕后，退出系统。

3-94　**问：正面吊驾驶员岗位职责有哪些内容？**

答：① 使用本人工号登录信息化系统，若登录异常应及时通知中控室。

② 从场地吊装一个待维修、保养、喷漆等集装箱至维修区后，通过终端在系统中对该箱进行移除，若发现系统中无箱号或箱号错误，需新增或修正箱号后进行移除操作。

③ 从维修区域吊装一个已完成维修、保养、喷漆等集装箱至场地后伸距，通过终端在系统中对该箱进行好箱置入作业。

④ 根据实际维修情况对系统中"修箱保养作业实绩管理"进行录入。

⑤ 作业完毕后，退出系统。

3-95 问：生物能源再利用中心中控岗位职责有哪些内容？

答：① 使用本人工号登录信息化系统，若登录异常应及时联系运维人员。

② 根据实际生产需求在系统"处置履历"中对进行动态呼叫操作。

③ 作业完毕后，退出系统。

3-96 问：老港渗沥液处理厂中控岗位职责有哪些内容？

答：① 使用本人工号登录信息化系统，若登录异常应及时联系运维人员。

② 人工导入渗沥液日报部分数据，结合系统自动采集部分生成每日报表。

③ 按需下载各类运行报表，核对数据，若采集数据发生异常，应及时联系运维人员。

④ 作业完毕后，退出系统。

3.2.2 系统功能

3-97 问：系统登录及账号管理有哪些要求？

答：① 登录系统需使用老港处置公司内部骨干网络，建议使用谷歌浏览器。

② 在登录框中输入账号、密码、验证码进行登录。

③ 第一次登录系统后，需在页面右上角功能键"修改密码"处进行密码修改，密码应使用强密码，长度至少为 8 个字符，至少包含以下四类字符中的三类：大写字母、小写字母、数字、符号。

④ 点击右上角功能键"退出系统"，可退出系统。

3-98 问："三维码头"界面有哪些内容？

答："三维码头"界面如图 3-26 所示，主要功能如下。

① 通过选择作业码头，可查询数字集运中对应码头堆场三维作业图。

② "重复箱"可查询当前系统中该码头集装箱重复信息，根据现场查看后修改箱号。

③ "提示"连接"异常处理"界面，显示当日异常情况，中控室可进行人工修正。

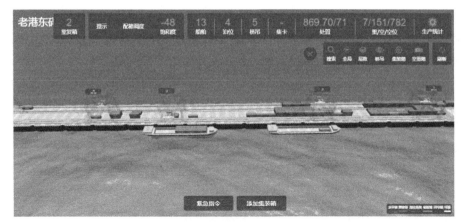

图 3-26　"三维码头"界面图

④"配箱调度"连接"返箱履历"界面，为前端物流码头要求返还空箱量与今日已返箱量统计数据。

⑤"饱和度"界面中，通过对码头集装箱饱和度维护进行重置、新增、修改、删除、保存设置，参数可根据码头堆场实际重、空集装箱堆放数量进行设置，此值为预警值，为堆场智能化管理提供依据。

⑥"船舶"连接"船期计划""船期计划履历"界面，显示前端物流码头已离港但未到达船只明细及船期履历查询，可对船舶信息进行发布、上移、下移、故障、封航、新增、编辑、删除操作，可通过 GPS 查看船舶当前位置。

⑦"泊位"连接"泊位计划""泊位计划履历"界面，显示已到港船只靠泊等情况，可对船舶信息进行上移、下移、快速移位、发布、取消发布、靠泊确认、取消确认、新增首靠、新增移位、修改、删除、保存、强制离港操作。

⑧"集卡"连接"集卡作业履历"界面，可查询集卡车辆作业履历，包括作业日期、时间、箱号、箱重类型、进口道闸、桥吊、装卸类型、船舶号、堆场位置等信息。

⑨"处置"连接"处置履历"界面，可查询今日末端各卸点已处置量及明细，包括车号、箱号、垃圾类型、集压重量、处置重量及动态呼叫情况。

⑩"重/空/空位"显示当前页面码头重箱数量/空箱数量/空位数量。

⑪"生产统计"连接"日看板""月看板"界面，包括每日来港及返箱统计、处置量统计，每月作业箱、老港各末端处置卸点量及徐浦、虎林、闵吴三大中转基地产出集装箱量。

⑫通过界面中右上角的搜索、全局、层数、桥吊、集装箱、空重箱，可对码头堆场集装箱箱型、空重等情况进行选择性搜索。

⑬"紧急指令"连接"紧急指令"界面，为异常人工处理界面，如集卡终端因 PLC、激光测距仪、视频智能识别、网络信号等异常发布错误指令或无法接收到指令的情况下，中控室通过紧急指令进行发布作业指令。

⑭"添加集装箱"可添加三维码头堆场集装箱的功能。

⑮点击三维码头中集装箱，均可查询该集装箱详情，可知该集装箱箱号、箱型、空重、好坏、状态、层数、贝位号、最后移动时间等信息，并有更改集装箱信息、修改、删除、设置坏箱报告，更改集装箱内垃圾状态等功能。

⑯点击三维码头中的桥吊，可查看桥吊信息报告，界面中可设置桥吊靠泊基准贝位、状态报告，可勾选故障报告，开启或关闭桥吊跨车道作业，是否处理空箱（坏、保养、报废）桥吊，设置每日保养箱数量。

3-99 问：船舶管理菜单内有哪些内容？

答：①"船期计划"界面显示前端物流码头已离港但未到达老港基地船只明细情况，可对船舶信息进行发布、上移、下移、故障、封航、新增、编辑、删除操作，可通过 GPS 查看船舶当前位置。

②"泊位计划"界面显示已到老港基地船只靠泊等情况，可对船舶进行上移、下移、快速移位、发布、取消发布、靠泊确认、取消确认、新增首靠、新增移位、修改、删除、保存、强制离港操作。

③"轮船 GPS"地图显示上海市地图，可查询物流公司船只运行情况，点击任意船只可查询该船只装载集装箱的分布情况。

④"中控可疑船期"界面，由于 GPS 等异常导致船期可疑，中控室可查询履历后进行新增船期。

⑤"船期计划履历"界面显示船期计划的作业履历，可通过到达基地、船号、到达日期、出发日期进行筛选查询。

⑥"泊位计划履历"界面显示泊位计划的作业履历，可通过出发基地、到达基地、码头选择、船号、到港日期、离港日期、靠泊时间进行筛选查询。

⑦"出港箱实不符"界面显示前端物流码头由于装卸过程中异常导致的集装箱箱型与实装垃圾类型不符的情况，系统将根据重置箱型进行作业指令分配。

⑧"紧急指令"界面显示紧急指令和紧急指令履历，通过识别点位数据作为基础信息，可在指令异常时发布人工指令进行作业分配。

3-100 问："船期计划"界面的功能是什么？

答："船期计划"界面显示查询日期内船期统计表，界面默认为当日作业数据，如图 3-27 所示。

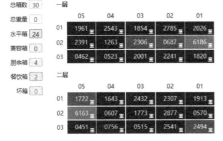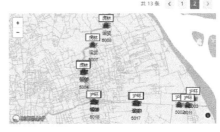

图 3-27　"船期计划"界面图

具体功能如下。

① 选择基地。分为徐浦基地、虎林基地、闵吴基地、老港基地，根据账号登录权限默认选择对应基地。

② 选择出发日期。可根据需求进行选填。

③ 选择船舶点位。分为全部、虎林码头、黄浦江蕴藻浜、大治河水闸口、大治河胜利塘（必经）、老港基地、黄浦江吴泾渡口、闵吴码头。可点击选择查看所选点位附近转运船只情况。

④ 箱数统计。统计查询日期内船舶集装箱装载情况，总箱为集装箱数量总和，水平箱、兼容箱、厨余箱、餐饮箱为各箱型合计数及问号箱合计数。

⑤ 船期明细表。包括船号、载箱数、计划停靠、出发港、出发时间、船舶当前位置、预计到港、实际到港、发布状态、状态、备注、船期号。在船期明细表上选中船舶信息行，可查看该船舶集装箱分布情况，包括总箱数、总重量、水平箱数、兼容箱数、厨余箱数、餐饮箱数及坏箱数，还可查看船舶定位系统的位置信息，以及所有装载集装箱具体箱号。

⑥ 右上角功能键。包括发布、上移、下移、故障、封航、新增、编辑、

删除，可对船期计划内的船舶进行相应修改及应急操作。

3-101 问："泊位计划"界面的功能是什么？

答："泊位计划"界面显示码头船舶实时靠泊作业情况，界面默认为实时作业数据，如图 3-28 所示。

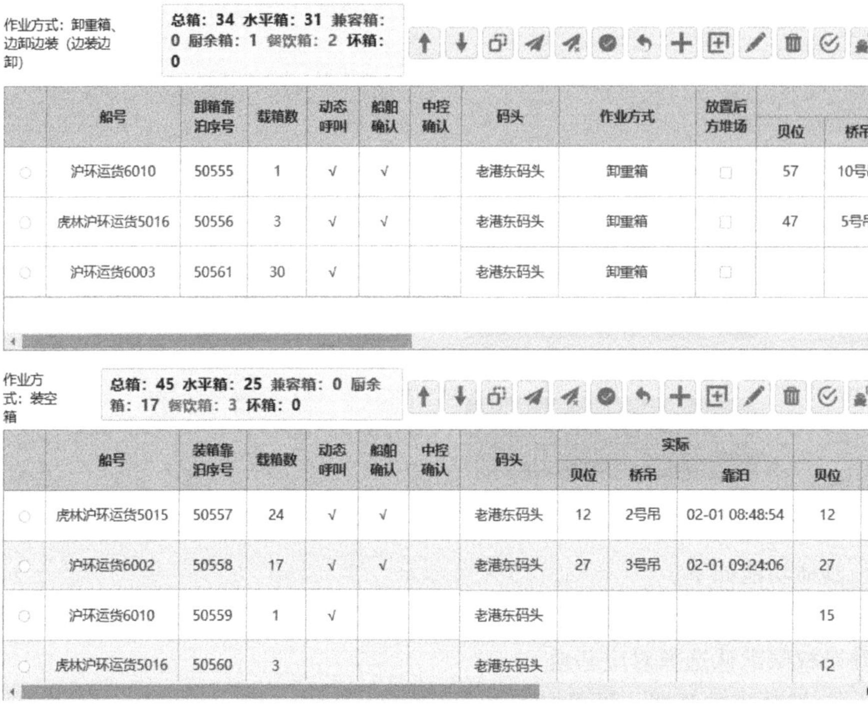

| 作业方式：卸重箱、边卸边装（边装边卸） | 总箱：34 水平箱：31 兼容箱：0 厨余箱：1 餐饮箱：2 坏箱：0 | | | | | | | | | |

	船号	卸箱靠泊序号	载箱数	动态呼叫	船舶确认	中控确认	码头	作业方式	放置后方堆场	贝位	桥吊
○	沪环运货6010	50555	1	√	√		老港东码头	卸重箱	☐	57	10号吊
○	虎林沪环运货5016	50556	3	√			老港东码头	卸重箱	☐	47	5号吊
○	沪环运货6003	50561	30	√			老港东码头	卸重箱	☐		

| 作业方式：装空箱 | 总箱：45 水平箱：25 兼容箱：0 厨余箱：17 餐饮箱：3 坏箱：0 | | | | | | | | | | |

	船号	装箱靠泊序号	载箱数	动态呼叫	船舶确认	中控确认	码头	实际			
								贝位	桥吊	靠泊	贝位
○	虎林沪环运货5015	50557	24	√	√		老港东码头	12	2号吊	02-01 08:48:54	12
○	沪环运货6002	50558	17	√			老港东码头	27	3号吊	02-01 09:24:06	27
○	沪环运货6010	50559	1				老港东码头				15
○	虎林沪环运货5016	50560	3				老港东码头				12

图 3-28 "泊位计划"界面图

具体功能如下。

① 选择基地。分为徐浦基地、虎林基地、闵吴基地、老港基地，根据账号登录权限默认选择对应基地。

② 选择码头。老港基地分为老港东码头、老港北码头，其他基地为其对应码头，可根据需求进行筛选。

③ 作业方式：卸重箱、边装边卸。界面内的船只为重船抵港已靠泊或未靠泊的船只泊位作业计划。上端总箱为集装箱数量总和，水平箱、兼容箱、厨余箱、餐饮箱为各箱型合计数及坏箱合计数。泊位计划明细表内，包括船号、卸箱靠泊序号、载箱数、动态呼叫、船舶确认、中控确认、码头、作业方式、放置后方堆场、实际（贝位、桥吊、到港、靠泊）、计划（贝位、桥吊、到港、

靠泊）、作业状态、靠泊类型、泊位计划号。在泊位计划明细表上选中船舶信息行，可通过右上角功能键进行上移、下移、快速移位、发布、取消发布、靠泊确认、取消确认、新增首靠、新增移位、修改、删除、保存、强制离港操作。

④ 作业方式：装空箱。界面内的船只为空船抵港已靠泊或待靠泊的船只移位作业计划。上端总箱为集装箱数量总和，水平箱、兼容箱、厨余箱、餐饮箱为各箱型合计数及坏箱合计数。移位计划明细表内，包括船号、卸箱靠泊序号、载箱数、动态呼叫、船舶确认、中控确认、码头、作业方式、放置后方堆场、实际（贝位、桥吊、到港、靠泊）、计划（贝位、桥吊、到港、靠泊）、作业状态、靠泊类型、泊位计划号。在泊位计划明细表上选中船舶信息行，可通过右上角功能键进行上移、下移、快速移位、发布、取消发布、靠泊确认、取消确认、新增首靠、新增移位、修改、删除、保存、强制离港操作。

⑤ 选中船舶后单击鼠标左键，可查询该船舶集装箱装载分布，包括载箱总量、重箱数、空箱数、空位数，以及所有装载集装箱具体箱型和箱号。

3-102 问："轮船 GPS"界面的功能是什么？

答："轮船 GPS"界面显示船舶实时位置，如图 3-29 所示，可通过船号对船舶进行快速定位，可展示所选船只集装箱装载分布图，通过"＋""－"对地图进行缩放。

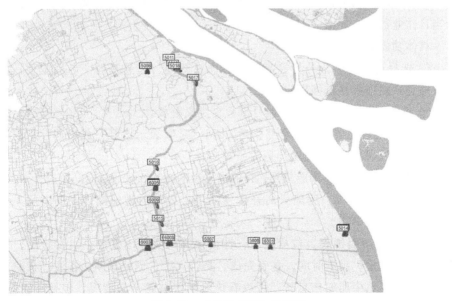

图 3-29　"轮船 GPS"界面图

3-103 问："中控可疑船期"界面的功能是什么？

答："中控可疑船期"界面显示由于船舶定位系统或其他异常导致无船期的船舶统计表，如图 3-30 所示。可疑船期主要包括船号、船舶当前位置、船舶当前 GPS 坐标和操作。操作可分为履历和新增船期两种：履历主要通过本周、本月、上月已有的船期履历进行导入；新增船期为生成新业务，可根据实际要求进行新增。

序号	船号	船舶当前位置	船舶当前GPS坐标	操作	
1	沪环货运021	大治河胜利塘(必经)		履历	新增船期
2	沪环货运022		31.27812000,121.17702667	履历	新增船期
3	沪环货运023	黄浦江川杨河	31.01074333,121.44652000	履历	新增船期
4	沪环货运026	大治河水闸口	31.01106000,121.44660000	履历	新增船期
5	沪环货运3016	虎林码头		履历	新增船期
6	沪环运货3009	徐浦码头		履历	新增船期
7	沪环运货3015	徐浦码头		履历	新增船期

图 3-30 "中控可疑船期"界面图

3-104 问："船期计划履历"界面的功能是什么？

答："船期计划履历"界面为查询日期内船期历史履历明细表，界面默认为当日作业数据，如图 3-31 所示。

具体功能如下。

① 选择达到基地。分为徐浦基地、虎林基地、闵吴基地、老港基地，根据账号登录权限默认选择对应基地。

② 选择船号。可通过筛选船号进行自定义查找。

③ 选择是否完成。分为全部、是、否："是"表示已经完成船期计划的船舶；"否"表示没有完成船期计划的船舶。

④ 选择到达日期。为船只到达目的港之后的时间，可通过时间段进行筛选。

⑤ 选择出发日期。为船只离开始发港口生成目的港船期计划的时间，可通过时间段进行筛选。

⑥ 船期履历明细表。包括船号、计划停靠码头、出发港、出发日期、载箱数、船舶位置、到港时间、是否完成、是否人工、创建日期、备注。在船期履历明细表上选中船舶信息行，可查看该船舶集装箱分布情况，包括总箱数、总质量、水平箱数、兼容箱数、厨余箱数、餐饮箱数及坏箱数，以及所有装载

集装箱具体箱号。在"是否完成"列可手动对船期进行结案，点击"结案按钮"后程序将船期计划状态改为离港确认。

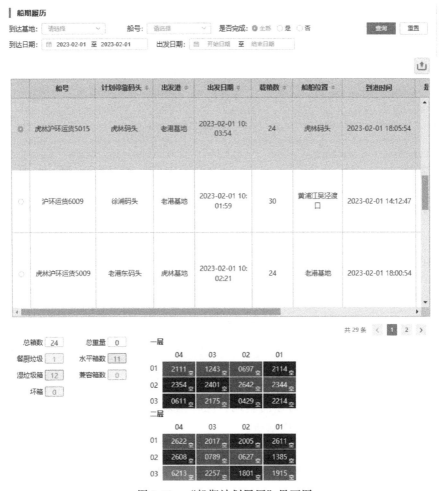

图 3-31　"船期计划履历"界面图

3-105　问："泊位计划履历"界面的功能是什么？

答："泊位计划履历"界面为查询日期内泊位历史履历明细表，界面默认为当日作业数据，如图 3-32 所示。

具体功能如下。

① 选择出发基地。分为徐浦基地、虎林基地、闵吴基地、老港基地，可根据需求进行筛选。

▌泊位计划履历

出发基地: 请选择 ▾	到达基地: 请选择 ▾	码头选择: ◉ 全部		船号: 请选择 ▾
		○ 老港东码头		
		○ 老港北码头		
到港日期: 开始 至 结束	离港时间: 开始 至 结束	靠泊时间: 开始 至 结束	**查询**	**重置**

总箱: 4635 水平箱: 3017 兼容箱: 0 厨余箱: 1310 餐饮箱: 308 坏箱: 0

泊位计划号	船号	载箱数	计划到港	实际到港	离港时间	码头
BP202301110432	沪环运货5001	24	01-11 03:24:52	01-11 08:04:54	01-11 16:52:57	老港东码头
BP202301110433	沪环运货6003	30	01-11 07:51:54	01-11 07:57:55	01-11 14:54:06	老港东码头
BP202301110430	虎林沪环运货5017	24	01-11 04:40:58	01-11 07:45:44	01-11 15:45:54	老港东码头
BP202301110431	沪环运货6005	30	01-11 02:18:21	01-11 07:44:56	01-11 15:38:58	老港东码头
BP202301100420	沪环运货6012	30	01-10 21:46:24	01-10 21:48:55	01-11 13:37:56	老港东码头
BP202301100419	沪环运货5005	24	01-10 22:29:29	01-10 21:47:59	01-11 13:56:59	老港东码头
BP202301100418	虎林沪环运货5016	24	01-10 22:21:03	01-10 21:47:55	01-11 11:22:56	老港东码头
BP202301100415	沪环运货6011	30	01-10 20:23:12	01-10 20:09:58	01-11 11:31:54	老港东码头
BP202301100415	沪环运货6011	30	01-10 20:23:12	01-10 20:09:58	01-11 11:31:54	老港东码头

图 3-32 "泊位计划履历"界面图

② 选择到达基地。分为徐浦基地、虎林基地、闵吴基地、老港基地，根据账号登录权限默认选择对应基地。

③ 选择码头。分为全部、老港东码头、老港北码头，可根据需求进行筛选。

④ 选择船号。可通过筛选船号进行自定义查找。

⑤ 选择到港日期。为船只到达目的港的时间，可通过时间段进行筛选。

⑥ 选择离港日期。为船只离开作业港口并生成目的港船期计划的时间，可通过时间段进行筛选。

⑦ 选择靠泊时间。为船只在系统内靠泊确认时间，可通过时间段进行筛选。

⑧ 箱数统计。统计查询日期内船舶集装箱装载情况，总箱为集装箱数量总和，水平箱、兼容箱、厨余箱、餐饮箱为各箱型合计数及坏箱合计数。

⑨ 泊位计划履历明细表。包括泊位计划号、船号、载箱数、计划到港、实际到港、离港时间、靠泊（码头、靠泊序号、作业方式、实际贝位、实际桥吊、计划、实际、船舶确认、中控确认、船舶状态、修改时间）、移位（码头、

靠泊序号、作业方式、实际贝位、实际桥吊、计划、实际、船舶确认、中控确认、船舶状态、修改时间)。在泊位履历明细表上用鼠标左键单击船舶信息行，可查看该船舶集装箱分布情况，包括总箱数、总质量、各箱型重箱数、空箱数、空位数，以及所有装载集装箱具体箱号。在船舶装载分布图中点击集装箱或空位可编辑船箱内容，包括箱号、层号、贝位、行号、箱重类型(分为重箱、空箱)、是否坏箱(可勾选是或否，缺省系统默认为否)、是否挂牌(可勾选是或否，系统默认为否)、是否混装垃圾(可勾选是或否，系统默认为否)。

3-106 　问："出港箱实不符"界面的功能是什么?

答："出港箱实不符"界面为查询日期内来港船只集装箱箱实不符明细表，界面默认为当日作业数据，如图 3-33 所示。

图 3-33　"出港箱实不符"界面图

具体功能如下。

① 选择船号。可通过筛选船号进行自定义查找。

② 选择出发基地。分为徐浦基地、虎林基地、闵吴基地、老港基地，可根据需求进行筛选。

③ 选择到达基地。分为徐浦基地、虎林基地、闵吴基地、老港基地，可根据需求进行筛选。

④ 选择时间。分为当日、昨日、其他（自定义时间段），可根据需求进行筛选。

⑤ 选择离港船期。为徐浦基地、虎林基地、闵吴基地离港船只信息表，包括船号、船期出发港序号、出发港、离港日期时间、载箱数、箱实不符箱数、是否全部处理、是否全部复原。在离港船期表内选中船舶即可查看对应船只载箱箱实不符情况，包括集装箱号、理论箱型、实装垃圾类型、更改箱型、是否处理、处理人、处理时间、是否复原、复原类型、复原人、复原时间，若理论箱型后内容缺省表示该集装箱未混装，正常作业转运。

⑥ 对应箱实不符箱。功能键包括更改实装垃圾类型、处理、复原，缺省表示出港集装箱箱型与实装垃圾相符，对应箱实不符时要更改实装垃圾类型，可根据实际情况对集装箱实装异常情况进行系统标记，点击"处理"后完成箱实不符标记，为后续发布指令提供依据。"复原"为人工操作键，正常情况下系统根据集装箱流转记录会自动复原，在异常情况下无法复原时，可通过此键对箱实不符的集装箱进行人工复原。

3-107 问："紧急指令"界面的功能是什么？

答： "紧急指令"界面以视频识别系统数据为依据，依次罗列识别结果数据，支持对集卡异常快速发布紧急指令，界面默认为实时作业信息，如图 3-34 所示。

具体功能如下。

① 选择码头。分为老港东码头、老港北码头，可根据需求进行筛选。

② 紧急指令。以老港东码头为例，包括集卡号、箱号、当前位置、下一位置［进口道闸、1 号吊（贝位、船号、堆场）、2 号吊（贝位、船号、堆场）、3 号吊（贝位、船号、堆场）、4 号吊（贝位、船号、堆场）、5 号吊（贝位、船号、堆场）、10 号吊（贝位、船号、堆场）、11 号吊（贝位、船号、堆场）、出口道闸、再生能源利用中心一期、再生能源利用中心二期、综合填埋场、厨余垃圾处理线、餐饮垃圾处理线、老港四期填埋场、厨余垃圾处理线二期、餐饮垃圾处理线二期］。发布紧急指令时，先勾选需要发布的集卡号，若无对应

码头选◉ 老港东码头
择: ○ 老港北码头

紧急指令　**紧急指令履历**　　　　　　　　　　　　　　　　　　　发布指令　刷新

	集卡号	箱号	当前位置	进口道闸	1号吊			2号吊			3号吊	
					贝位	船号	堆场	贝位	船号 6010	堆场	贝位	船号 5016
☐						○	○		○	○		
☐	1971	0577	3号吊			○	○		○	○		
☐	1952	0641	2号吊			○	○		○	○		
☐	1988	2123	3号吊			○	○		○	○		
☐	1966	0421	3号吊			○	○		○	○		
☐	1993	6161	2号吊			○	○		○	○		

▎集卡等待队列　　　　　　　　　　　　　　　　　　　　　　删除等待集卡

序号	1号吊	2号吊	3号吊	4号吊	5号吊	10号吊	11号吊
				暂无数据			

图 3-34　"紧急指令"界面图

集卡号可直接在第一行空白处进行手动输入，单击"集卡号""箱号"可直接查看视频识别图片信息，若发现异常可直接在图片下方进行信息修改，输入正确信息后点击修改即可完成信息修正。根据实际情况勾选后续集卡作业点内容后，点击右上角"发布指令"功能键，完成紧急指令的发送。

③ 集卡等待队列。以老港东码头为例，分为 1 号吊、2 号吊、3 号吊、4号吊、5 号吊、10 号吊、11 号吊，根据系统指令，可查询当前作业桥吊集卡等待排队明细。

④ 紧急指令履历。可根据集卡号或查询日期对已发布的紧急指令进行查询，包括发布日期时间、集卡号、当前位置、紧急指令、发布者。

3-108 问：中控调度管理菜单内有哪些内容？

答：①"老港基地配箱调度"界面可开启配箱方案控制，临时调整各码头需求返箱辆。

②"桥吊作业安排"界面可调整今日作业桥吊状态及设置明日桥吊作业安排。

③"集卡作业安排"界面显示当日出勤集卡数，可进行设置洗车启用键及固定处置路线。

④"中班作业计划"界面可按当天最后重箱作业船或当日最后空箱作业船进行勾选计算，安排中班工作计划。

⑤"异常处理"界面分为1级、2级、3级、4级四类异常，可通过基地、码头、出发类型、异常等级、箱号、船号、桥吊号等进行分类筛选，可查看异常出发时间、类型、对象、处理前箱号、车号、异常描述等内容，单击任何一条异常信息都可查看相关视频及修改正确的集卡号或箱号。

⑥"桥吊终端登录"界面是指由于桥吊驾驶员终端无法登录，由中控人员紧急登录入口，保证指令正常发布。

⑦"集卡终端登录"界面是指由于集卡驾驶员终端无法登录，由中控人员紧急登录入口，保证指令正常发布。

⑧"正面吊终端登录"界面是指由于正面吊驾驶员终端无法登录时，由中控人员紧急登录入口，及时移除或置入集装箱，确保堆场准确性。

⑨"返箱履历"界面可查询前端物流码头各种箱型的每日要求回港量、已返上船量和欠返量。

⑩"需求管理"界面为故障报修平台，是中控人员及管理人员发现故障通知运维人员的信息沟通单，包括需求编号、组织基地、需求标题、需求描述、需求类型、故障类型、状态、紧急程度、提出人、提出时间、预计完成时间、处理结果、处理人、处理时间、备注。

3-109 问："老港基地配箱调度"界面的功能是什么？

答："老港基地配箱调度"界面为返箱控制设置界面，默认为实时作业信息，如图 3-35 所示。

具体功能如下。

① 老港基地配箱调度。以各箱型为统计口径，统计码头、发运日、计划、已发、要求返箱、已返到港、已发在途、已返未离港、欠返。

② 老港控制记录。可按开始时间、结束时间进行自定义筛选，可查询控箱开始时间、控箱结束时间、控箱员工、控箱方案及三个前端码头各箱型要求

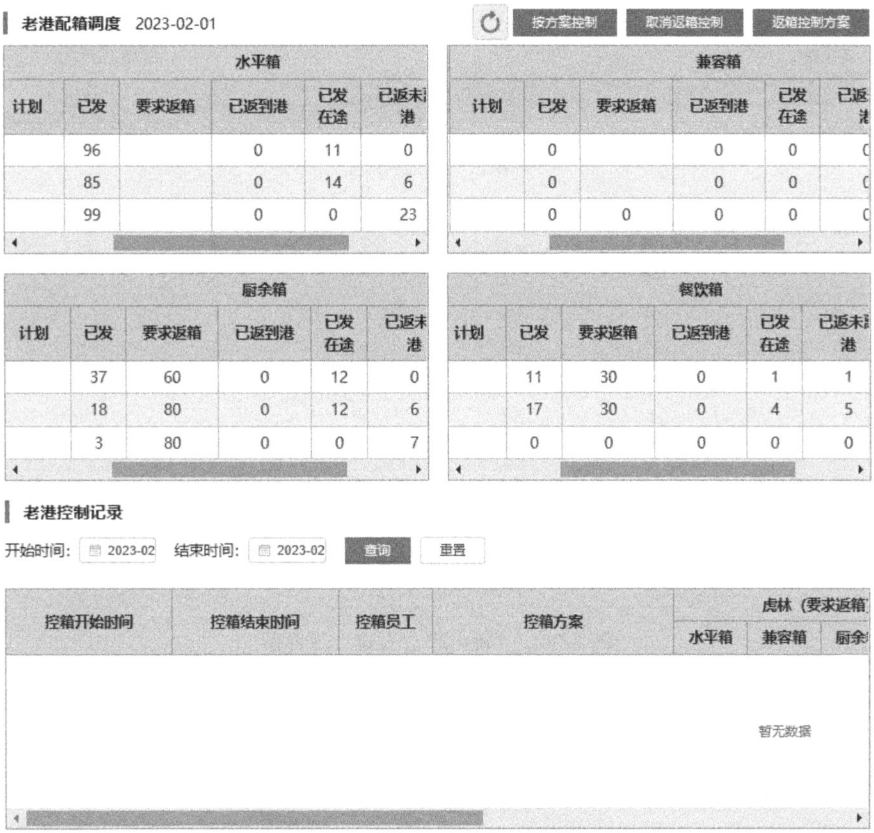

老港配箱调度 2023-02-01

水平箱					
计划	已发	要求返箱	已返到港	已发在途	已返未港
	96		0	11	0
	85		0	14	6
	99		0	0	23

按方案控制　取消返箱控制　返箱控制方案

兼容箱					
计划	已发	要求返箱	已返到港	已发在途	已返未港
	0		0	0	0
	0		0	0	0
	0	0	0	0	0

厨余箱					
计划	已发	要求返箱	已返到港	已发在途	已返未港
	37	60	0	12	0
	18	80	0	12	6
	3	80	0	0	7

餐饮箱					
计划	已发	要求返箱	已返到港	已发在途	已返未港
	11	30	0	1	1
	17	30	0	4	5
	0	0	0	0	0

老港控制记录

开始时间：2023-02　结束时间：2023-02　查询　重置

控箱开始时间	控箱结束时间	控箱员工	控箱方案	虎林（要求返箱		
				水平箱	兼容箱	厨余
			暂无数据			

图 3-35　"老港基地配箱调度"界面图

返箱量。

③ 右上角功能键。包括按方案控制、取消返箱控制、返箱控制方案，通过"方案控制"可在界面内选择方案名称后确认开启控制方案，主要内容包括方案名称、当前缺省、创建时间、创建人及各箱型具体控制方案设计，方案开启后系统将以此方案配置参数发布空箱指令；"取消方案控制"为对开启的方案进行取消，取消后按原返箱需求进行发布空箱指令；"返箱控制方案"可通过新增、编辑、删除、提交、取消对方案进行操作，主要内容包括方案名称、当前缺省、各箱型具体控制方案设置，其中缺省内容为不进行控制，系统内创建时间、创建人由系统根据实际创建时间及系统登录信息自动生成。

3-110 问："桥吊作业安排"界面的功能是什么？

答："桥吊作业安排"界面为桥吊作业出勤安排设置界面，如图 3-36 所示。

基地： 老港基地　　码头： 老港东码头　○ 当日　◉ 明天　配置规则： ◉ 按桥吊缺省　○ 按最近日配置

桥吊安排 2023-02-02

桥吊 ⇅	设备状态 ⇅	班次 ⇅	卸箱 ⇅	装箱 ⇅	边装边卸 ⇅
1号吊	停用	白班	○	○	○
	停用	中班			○
2号吊	正常	白班	○	●	○
	正常	中班	○	●	○
3号吊	正常	白班	○	●	○
	正常	中班	○	●	○
4号吊	停用	白班	○	○	○
	停用	中班	○	○	○
5号吊	正常	白班	●	○	○
	正常	中班	○	○	○
10号吊	正常	白班	●	○	○
	正常	中班	●	○	○
11号吊	停用	白班	○	○	○
	停用	中班	○	○	○

图 3-36　"桥吊作业安排"界面图

具体功能如下。

① 选择基地。分为徐浦基地、虎林基地、闵吴基地、老港基地，根据账号登录权限默认选择对应基地。

② 选择码头。老港基地分为老港东码头、老港北码头，其他基地为其对应码头，可根据需求进行筛选。

③ 配置时间。分为当日、明天，选择后可进行桥吊作业安排设置。

④ 配置规则。分为"按桥吊缺省""按最近日配置"。"按桥吊缺省"为根据实际设置对桥吊出勤进行设置，缺省为不作业；"按最近日配置"为根据最近一次的出勤配置安排桥吊作业出勤。

⑤ 桥吊安排。包括桥吊、设备状态、班次、卸箱、装箱、边装边卸，其中"设备状态"分为正常、故障、维修、保养、停用、报废。

⑥ 右上角功能键。包括清空作业类型、编辑、发布、刷新。"清空作业类型"为一键对所设置的桥吊作业类型进行清空，便于下一步对桥吊安排进行编辑，在"按桥吊缺省"模式下对桥吊出勤安排设置，在对应"卸箱""装箱""边装边卸"中进行勾选后，点击"发布"键即可设置完成。

3-111 问：“集卡作业安排”界面的功能是什么？

答：“集卡作业安排”界面为集卡车辆作业出勤安排设置界面，如图 3-37 所示。

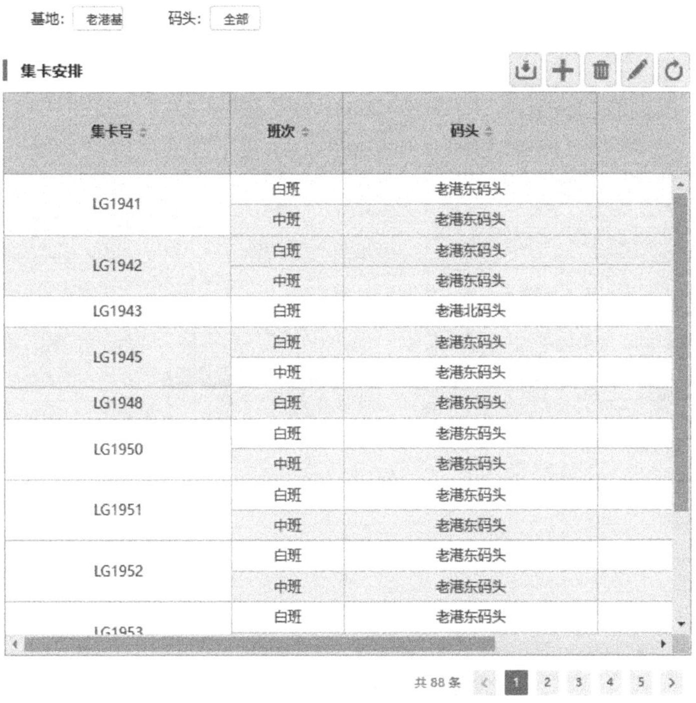

集卡号	班次	码头
LG1941	白班	老港东码头
	中班	老港东码头
LG1942	白班	老港东码头
	中班	老港东码头
LG1943	白班	老港北码头
LG1945	白班	老港东码头
	中班	老港东码头
LG1948	白班	老港东码头
LG1950	白班	老港东码头
	中班	老港东码头
LG1951	白班	老港东码头
	中班	老港东码头
LG1952	白班	老港东码头
	中班	老港东码头
LG1953	白班	老港东码头

图 3-37　“集卡作业安排”界面图

具体功能如下。

① 选择基地。分为徐浦基地、虎林基地、闵吴基地、老港基地，根据账号登录权限默认选择对应基地。

② 选择码头。分为全部、老港东码头、老港北码头，可根据需求进行筛选。

③ 集卡安排。包括集卡号、班次、码头、洗车、固定处置路线。

④ 右上角功能键。包括 Excel 导入、新增、删除、编辑、刷新，系统支持 Excel 表格一键导入作业安排，也可通过“新增”键输入对应的集卡号、班次、码头、洗车、固定处置路线进行设置，其中“固定处置路线”可缺省，表示不限制处置路线，根据系统指令发布进行自动分配。

3-112 问：“中班作业计划”界面的功能是什么？

答：“中班作业计划”界面为系统根据实际作业信息数据及预设定参数计

算中班作业计划，界面默认为当日作业数据，如图 3-38 所示。

图 3-38 "中班作业计划"界面图

具体功能如下。

① 船期计划。包括当日最后重箱作业船、当日最后空箱作业船、船期序号、靠泊序号、船号、出发港、预计到港时间、计划停靠码头、载箱数，其中"当日最后重箱作业船""当日最后空箱作业船"为勾选项目，表示在此船前的船舶（含此船）是卸箱或装箱作业的，后面的船不再装卸作业，仅到港。中控人员通过实际作业情况进行设置，勾选当日最后作业船只后可计算中班作业计划。计划开始时间若缺省，则自动对应该班次（白班/中班）的开始时间，也可人工在作业计划中进行修改，设置后系统将自动计算中班作业计划。

② 作业计划。包括码头、重箱停止作业时间、空箱停止作业时间、重箱堆场空余量、堆场空箱量、已分配船（数量、船号、箱量）、计划处置量、计划堆场箱量、计划压港船（数量、船号），其中"重箱停止作业时间""空箱停止作业时间"为设置项。此时中控人员可以不设置"当日最后重箱作业船""当日最后空箱作业船"，根据实际作业情况对"重箱停止作业时间""空箱停

止作业时间"进行设置，系统将也自动计算中班作业计划。

③ 右下角功能键。包括刷新、编辑、计算、发布，其中只有打开"编辑"键才能勾选或修改船期计划中的"当日最后重箱作业船""当日最后空箱作业船"和作业计划的"重箱停止作业时间""空箱停止作业时间"，其他数据不能修改。编辑好参数后，点击"计算"键，系统将根据设置参数进行计算已分配船、处置量、堆场量、压港量，确认无误后可通过"发布"键进行系统发布。

3-113　问："异常处理"界面的功能是什么？

答："异常处理"界面为系统异常提醒及处理的界面，界面默认为当日作业数据，如图 3-39 所示。

图 3-39　"异常处理"界面图

具体功能如下。

① 选择基地。分为徐浦基地、虎林基地、闵吴基地、老港基地，根据账号登录权限默认选择对应基地。

② 选择码头。老港基地分为老港东码头、老港北码头，其他基地为其对应码头，可根据需求进行筛选。

③ 选择触发类型。分为船舶、GPS 异常、桥吊异常、码头道闸异常、集卡异常、堆场、正面吊，系统将根据异常不同触发点位给出对应异常类型。

④ 选择异常等级。分为 1 级、2 级、3 级、4 级，1 级等级最高。

⑤ 选择箱号。点击"展开"后，可通过筛选集装箱箱号进行自定义查找。注意图 3-39 已操作"展开"，故图片显示"收起"，正常打开该界面时为未展开状态，如需进行筛选操作需手动点击"展开"。

⑥ 选择船号。点击"展开"后，可通过筛选船号进行自定义查找。

⑦ 选择桥吊号。点击"展开"后，可通过筛选桥吊号进行自定义查找。

⑧ 选择集卡号。点击"展开"后，可通过筛选集卡车号进行自定义查找。

⑨ 选择时间。点击"展开"后，可通过自定义时间段进行筛选查询。

⑩ 当日异常。包括异常总数、触发日期时间、触发类型、触发对象、处理前箱号、处理前集卡号、处理前车顶号、异常等级、异常代码、异常描述、状态、操作。

⑪ 异常处理。在选中"当日异常"后双击鼠标左键进入"异常处理"界面，包括异常发生对象、异常代码、异常等级、触发事件、处理前（道闸号、集卡号、集装箱号）、处理后（集卡号、集装箱号）及相关视频，操作人员可通过查看"相关视频"与比"处理前（道闸号、集卡号、集装箱号）"相关数据进行对比分析，填写"处理后（集卡号、集装箱号）"信息内容，系统将进行异常处理并记录于"已处理异常"表格中。

⑫ 已处理异常。包括处理人、处理时间、触发日期时间、触发类型、触发对象、处理前箱号、处理前集卡号、处理前车顶号、异常等级、异常代码、异常描述、状态。

⑬ 右上角功能键：导出。可将自定义筛选内容进行报表导出，可方便统计各类异常发生频率。

3-114 问："桥吊终端登录"界面的功能是什么？

答："桥吊终端登录"界面为在紧急情况下桥吊驾驶员无法通过终端进行出勤登录时，中控人员通过此界面进行出勤，如图 3-40 所示。在界面中选择需要登录的桥吊号，点击"登录"后自动链接至该桥吊终端登录界面，选择输入作业班次、当前驾驶员工号、密码进行登录。对于作业班次，系统将根据设置时间自动匹配班次，也可手动修改后再进行登录。

图 3-40　"桥吊终端登录"界面图

3-115 问："集卡终端登录"界面的功能是什么？

答："集卡终端登录"界面为在紧急情况下集卡驾驶员无法通过终端进行出勤登录时，中控人员通过此界面进行出勤，如图 3-41 所示。在界面中选择需要登录的集卡车号，点击"登录"后自动链接至该集卡终端登录界面，选择输入作业班次、当前驾驶员工号、密码进行登录。对于作业班次，系统将根据设置时间自动匹配班次，也可手动修改后再进行登录。

图 3-41　"集卡终端登录"界面图

3-116 问："正面吊终端登录"界面的功能是什么？

答："正面吊终端登录"界面为在紧急情况下正面吊驾驶员无法通过终端进行出勤登录时，中控人员通过此界面进行出勤，如图 3-42 所示。在界面中选择需要登录正面吊号，点击"登录"后自动链接至该正面吊终端登录界面，选择输入作业班次、当前驾驶员工号、密码进行登录。对于作业班次，系统将根据设置时间自动匹配班次，也可手动修改后再进行登录。

图 3-42 "正面吊终端登录"界面图

3-117 问："返箱履历"界面的功能是什么？

答： "返箱履历"界面为统计各类箱型集装箱要求回港量和已返航情况统计明细表，如图 3-43 所示。

码头	发运日	水平箱			厨余箱			餐饮箱		
		要求回港量	欠返	已返上船	要求回港量	欠返	已返上船	要求回港量	欠返	已返上船
虎林	2022-11-01			194	100		95	40		28
	2022-11-02			188	100		84	40		35
虎林	2022-11-03			166	100	45	55	40		16
	2022-11-04			179	100		72	40		26
虎林	2022-11-05			146	100		71	40		29
	2022-11-06			150	100		41	40		27
虎林	2022-11-07			205	100		71	40		33
	2022-11-08			198	100		86	40		30
虎林	2022-11-09			184	100		76	40		21
	2022-11-10			132	100		67	40		17
虎林	2022-11-11			177	100		95	40		25
	2022-11-12			152	100	-12	112	40		23
虎林	2022-11-13			152	100		68	40		29
	2022-11-14			144	100		95	40		24
虎林	2022-11-15			174	80	0	80	50		43
	2022-11-16			194	100		75	40		26

图 3-43 "返箱履历"界面图

具体功能如下。

① 选择基地。分为徐浦基地、虎林基地、闵吴基地，可通过筛选对应基地进行查找。

② 选择月份。分为 12 个月，可通过筛选对应月份进行查找。

③ 来港及返箱统计。包括码头、发运日、水平箱（要求回港量、欠返、已返上船）、兼容箱（要求回港量、欠返、已返上船）、厨余箱（要求回港量、欠返、已返上船）、餐饮箱（要求回港量、欠返、已返上船）。其中"要求回港

量"为徐浦基地、虎林基地、闵吴基地自定义设置的参数，若缺省则表示不进行回港限制。"已返上船"统计每日 0：00～24：00 时间段内老港已上船离港返回的集装箱数量，"欠返"等于"要求回港量"减去"已返上船"，其中欠返量用正数加红色底色表示，超出返箱量用负数加黄色底色表示。

3-118　问："需求管理"界面的功能是什么？

答："需求管理"界面为系统异常故障报修界面，如图 3-44 所示。

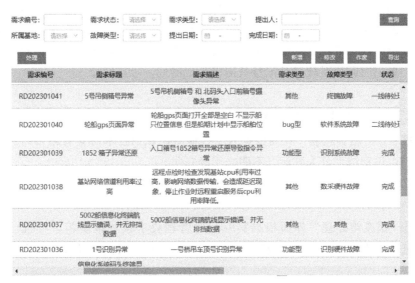

图 3-44　"需求管理"界面图

具体功能如下。

① 需求编号。可通过筛选需求编号进行自定义查找。

② 需求状态。分为新增、一线待处理、二线待处理、挂起、完成、作废，可通过自定义筛选进行查找。

③ 需求类型。分为计算机程序错误型、功能型、缺陷型、咨询型、优化型、其他，可通过自定义筛选进行查找。

④ 提出人。可通过筛选提出人姓名编号进行自定义查找。

⑤ 所属基地。分为城投环境、老港基地、物流公司、虎林基地、徐浦基地、闵吴基地，可通过自定义筛选进行查找。

⑥ 故障类型。分为终端故障、数采硬件故障、软件系统故障、网络电力故障、PLC 系统故障、识别硬件故障、识别系统故障，可通过自定义筛选进行查找。

⑦ 提出日期。可通过提出日期时间段自定义筛选进行查找。

⑧ 完成日期。可通过完成日期时间段自定义筛选进行查找。

⑨ 需求管理。包括需求编号、组织基地、需求标题、需求描述、需求类型、故障类型、状态、紧急程度、提出人、提出时间、预计完成日期、处理结果、处理人、处理时间、备注。

⑩ 右上角功能键。包括新增、修改、作废、导出。"新增"为故障需求申报，包括需求编号、需求类型、需求状态、需求标题、紧急程度、所属组织、故障类型、故障原因、需求描述、提出人、提出时间、提出人联系方式、期望完成日期、附件上传。其中需求类型、需求标题、紧急程度、需求描述、提出人、提出时间是必填项；需求编号、需求状态为系统自动生成，不可修改；提出人、提出时间为系统登录账号及需求生成时间，可进行修改。

3-119 问：集装箱保养维修菜单内有哪些内容？

答：①"箱容箱貌"界面根据人工智能图像识别技术对集装箱后门进行脏污识别，识别结果分为脏污、不明、干净三类。

②"保养箱处理"界面根据箱号可查询集装箱已间隔保养日和已间隔装载次数。

③"报废箱处理"界面根据实际运营管理要求设置报废箱，可按已投运日、已装载次数及箱号进行设置，系统将自动分配桥吊指令堆放至固定区域进行处理。

④"特殊箱处理"界面为某些集装箱需进行特殊处理时设置的要求，如应急处置箱（不卸船）。

⑤"特殊箱履历"界面为特殊箱处理的履历，可按特殊箱类型、箱号、日期进行查询。

⑥"清洗线识别数据"界面对接了集装箱脏污识别系统，可获取集装箱脏污程度信息。

3-120 问："箱容箱貌"界面的功能是什么？

答："箱容箱貌"界面为查询日期内集装箱箱容箱貌系统识别情况明细表，界面默认为当日作业数据，如图 3-45 所示。

具体功能如下。

① 选择基地。分为徐浦基地、虎林基地、闵吴基地、老港基地，根据账号登录权限默认选择对应基地。

图 3-45　"箱容箱貌"界面图

②　选择码头。老港基地分为老港东码头、老港北码头，其他基地为其对应码头，可根据需求进行筛选。

③　集装箱箱号。可通过筛选集装箱箱号进行自定义查找。

④　桥吊。可通过筛选桥吊号进行自定义查找。

⑤　是否出道闸。分为全部、是、否，可根据需求进行筛选。

⑥　程度。分为全部、脏污、不明、干净，界面默认筛选"脏污"，可根据需求重新设置进行筛选。

⑦　作业时间。可通过筛选作业时间进行自定义查找。

⑧　箱容箱貌。包括桥吊号、作业日期时间、集装箱号、识别结果、集卡号，集装箱箱容箱貌图像识别是利用箱号识别系统，通过识别集装箱后面脏污程度进行自动判别，选中记录行可查看图片资源。

3-121　问："保养箱处理"界面的功能是什么？

答："保养箱处理"界面为查询日期内集装箱保养统计情况明细表，如图 3-46所示。

具体功能如下。

①　选择生成日期。可通过筛选生成时间进行自定义查找，生成日期是指每天 0：00 系统定时计算系统内所有集装箱可保养箱列表的时间。

②　选择作业日期。可通过筛选作业时间进行自定义查找，作业日期是指集装箱通过正面吊终端进行移除进入维修区的时间。

③　集装箱箱号。可通过筛选集装箱箱号进行自定义查找。

| 保养箱处理

生成日期 选择： [日 开 至 结]　　作业日期 选择： [日 开 至 结]　　集装箱：[　]　　○ 全部　○ 计划中　○ 已吊后伸距　　[查询]　[重置]

[导入]

生成日期	集装箱号	已间隔保养日	已间隔装载次数	是否已吊后伸距	作业日期
2023-02-01	6201	189		否	
2023-02-01	6208	189		否	
2023-02-01	6213	189		否	
2023-02-01	6221	222		否	
2023-02-01	6001	407		否	
2023-02-01	6002	341		否	
2023-02-01	6004	367		否	
2023-02-01	6049	481		否	
2023-02-01	6052	196		否	
2023-02-01	6176	202		否	
2023-02-01	6128	233		否	
2023-02-01	6138	190		否	
2023-02-01	6141	217		否	
2023-02-01	6154	218		否	
2023-02-01	6158	212		否	
2023-02-01	6170	191		否	

图 3-46　"保养箱处理"界面图

④ 状态。分为全部、计划中、已吊后伸距，可通过勾选进行自定义查找。

⑤ 保养箱处理。包括生成日期、集装箱号、已间隔保养日、已间隔装载次数、是否已吊后伸距、作业日期、码头、桥吊。

3-122 问："报废箱处理"界面的功能是什么？

答："报废箱处理"界面为查询日期内集装箱报废统计情况明细表，如图 3-47 所示。

具体功能如下。

① 选择生成日期。可通过筛选生成日期进行自定义查找。生成日期是指报废箱在系统内生成的时间。

② 选择作业日期。可通过筛选作业日期进行自定义查找。作业日期是指集装箱报废后通过正面吊终端进行移除的时间。

③ 集装箱箱号。可通过筛选集装箱箱号进行自定义查找。

图 3-47　"报废箱处理"界面图

④ 状态。分为全部、计划中、已吊后伸距，可通过勾选进行自定义查找。

⑤ 拟报废集装箱。包括生成日期、集装箱号、已投运日、已装载次数、批准人工号、是否已吊后伸距、作业日期、码头、桥吊。

⑥ 右上方功能键。包括"选择报废箱""取消报废"。"选择报废箱"可以通过筛选已投运日或已装载次数或直接输入集装箱箱号进行查找，通过筛选列表勾选全部或单独勾选确定加入报废列表按键，经二次确认后将这些数据加入计划报废箱对象，若操作失误可通过"取消报废"进行撤销操作。其中已投运日是指集装箱设备设施创建日期至今间隔日期数，已装载次数是指对应集装箱全部已装载次数汇总值。

3-123 问："特殊箱处理"界面的功能是什么？

答："特殊箱处理"界面为查询日期内特殊集装箱统计情况明细表，如图 3-48 所示。

具体功能如下。

① 选择日期。可通过筛选作业时间进行自定义查找。

图 3-48 "特殊箱处理"界面图

② 集装箱箱号。可通过筛选集装箱箱号进行自定义查找。

③ 当前特殊箱列表。包括特殊箱编码、特殊箱类型，右上角功能键包括重置、新增、编辑、删除、保存，其中可以通过"新增"自定义特殊箱类型，如应急处置箱（堆放场地后伸距）、应急处置箱（不卸船）等，保存后也可通过编辑、删除键进行修改。

④ 特殊箱设置。包括特殊箱类型、箱号、登记日期时间、登记人、备注，右上角功能键包括重置、新增、编辑、删除、保存，通过"新增"按钮可选择特殊箱类型，输入对应特殊箱箱号，确认保存后加入特殊箱处理对象，若操作失误可通过"编辑"或"删除"进行撤销操作。

3-124 问："特殊箱履历"界面的功能是什么？

答："特殊箱履历"界面为查询日期内特殊集装箱履历统计情况明细表，如图 3-49 所示。

具体功能如下。

① 特殊箱类型。可通过筛选特殊箱类型进行自定义查找。

② 集装箱箱号。可通过筛选集装箱箱号进行自定义查找。

③ 选择日期。可通过筛选作业时间进行自定义查找。

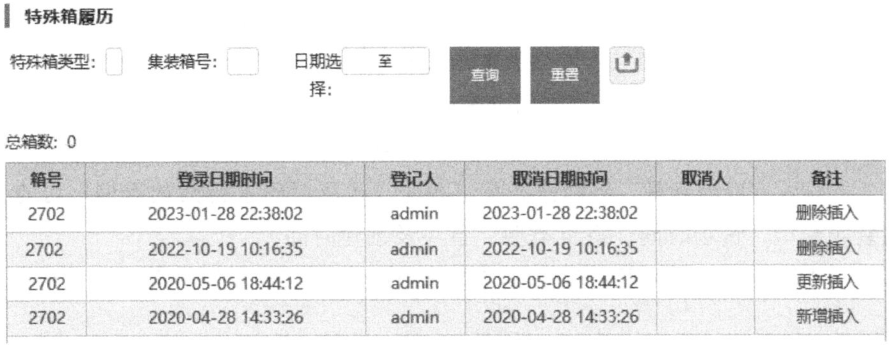

| 特殊箱履历

特殊箱类型：☐　集装箱号：☐　日期选择：☐ 至 ☐　　查询　重置　⬆

总箱数: 0

箱号	登录日期时间	登记人	取消日期时间	取消人	备注
2702	2023-01-28 22:38:02	admin	2023-01-28 22:38:02		删除插入
2702	2022-10-19 10:16:35	admin	2022-10-19 10:16:35		删除插入
2702	2020-05-06 18:44:12	admin	2020-05-06 18:44:12		更新插入
2702	2020-04-28 14:33:26	admin	2020-04-28 14:33:26		新增插入

图 3-49　"特殊箱履历"界面图

④ 特殊箱履历。包括特殊箱类型、箱号、登录日期时间、登记人、取消日期时间、取消人、备注。

3-125　问："清洗线识别数据"界面的功能是什么？

答："清洗线识别数据"界面为查询日期内集装箱清洗统计情况明细表，数据与码头集装箱清洗系统进行对接，界面默认为当日作业数据。具体功能如下。

① 车号。可通过筛选集卡车号进行自定义查找。

② 清洗程度。分为需要中洗、需要重洗、无需清洗，根据集装箱清洗系统中对集装箱箱体进行脏污识别后给出清洗建议。

③ 采集时间。可通过筛选采集时间进行自定义查找。采集时间为集装箱清洗系统内对集装箱箱体进行脏污采集的时间。

④ 清洗线识别数据。包括车号、采集时间、清洗程度。

3-126　问：统计追溯菜单内有哪些内容？

答：① "集装箱流转跟踪"界面以集装箱流转为核心，根据集装箱箱号、出发港、目的港、日期进行查询，可查询到该集装箱具体的作业流转情况，包括前端收运车辆→物流压缩站→物流内集卡转运→物流码头桥吊堆场/起卸→船舶转运→老港码头桥吊堆场/起卸→老港内集卡转运→处置卸点作业。

② "堆场作业履历"界面可查询码头各贝位各类箱型空、重箱数分布情况。

③ "桥吊作业履历"界面按码头、时间、箱号、船号、集卡号进行筛选查询，可查询作业桥吊号、班次、桥吊驾驶员、桥吊作业类型、一次吊装量、二次吊装量、装卸箱量分布情况、汇总量及各桥吊作业明细数据。

④"计量信息查询"界面按卸点、车类型、垃圾类型、车牌号、时间进行筛选查询，可查询各卸点末端处置明细数据。

⑤"集箱实时位置分布"界面分为码头集装箱分布及区县集装箱分布情况，可查询集装箱所在基地堆场贝位号及最后一次落箱时间。

⑥"后方堆场管理"界面按码头、箱号、进场时间进行筛选查询，可查询集装箱箱型、进场时间、空重类型、备注及创建时间。

⑦"箱子视图"界面可查询所有集装箱最后一次出现时间、空重类型、地点。

3-127 问："集装箱流转跟踪"界面的功能是什么？

答："集装箱流转跟踪"界面为查询日期内集装箱清流转情况明细表，界面默认为前一周作业数据，如图 3-50 所示。

序号	箱号 ⇕	创建时间 ⇕	集压净重 ⇕	出发港 ⇕	船号 ⇕
1	2072	2023-01-31 22:43:43	11.32	虎林基地	虎林沪环运货5017
2	2920	2023-01-31 22:37:57	10.74	虎林基地	虎林沪环运货5014
3	6088	2023-01-31 22:16:54	19.22	虎林基地	沪环运货6010
4	2721	2023-01-31 22:01:39	10.44	虎林基地	虎林沪环运货5007
5	0477	2023-01-31 21:56:19	10.58	虎林基地	沪环运货6010
6	6038	2023-01-31 21:43:22	12.08	虎林基地	虎林沪环运货5017
7	1639	2023-01-31 21:08:07	11.3	虎林基地	虎林沪环运货5017
8	2180	2023-01-31 21:06:57	17.6	虎林基地	虎林沪环运货5014
9	0412	2023-01-31 21:06:47	12.02	虎林基地	沪环运货6010
10	6067	2023-01-31 20:50:05	17.32	虎林基地	虎林沪环运货5017

‹ 1 2 3 4 5 6 … 493 ›

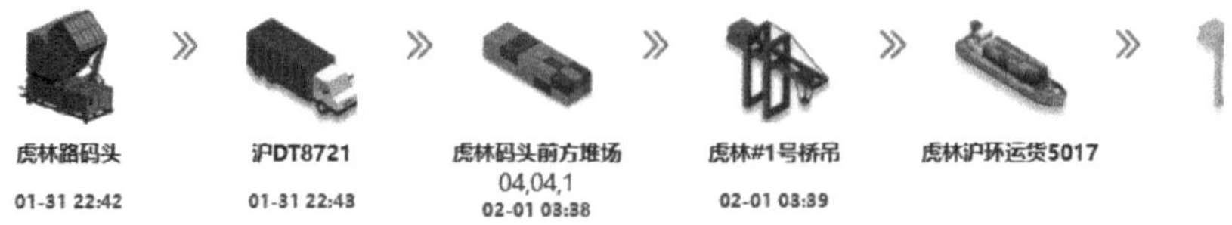

虎林路码头　　　沪DT8721　　　虎林码头前方堆场　　　虎林#1号桥吊　　　虎林沪环运货5017
01-31 22:42　　01-31 22:43　　04,04,1　　　　　　02-01 03:89
　　　　　　　　　　　　　　02-01 03:38

图 3-50 "集装箱流转跟踪"界面图

具体功能如下。

① 集装箱箱号。可通过筛选集装箱箱号进行自定义查找。

② 选择船号。可通过筛选船舶号进行自定义查找。

③ 选择日期。可通过筛选作业时间进行自定义查找。

④ 选择出发港。分为徐浦基地、虎林基地、闵吴基地、老港基地，可通过筛选出发港基地进行自定义查找。

⑤ 选择目的港。分为徐浦基地、虎林基地、闵吴基地、老港基地，可通过筛选到达港基地进行自定义查找。

⑥ 集装箱流转跟踪。包括箱号、创建时间、集压净重、出发港、船号、目的港、到达日期时间、处置点、处置点净重、出发垃圾类型。

⑦ 周期。在集装箱流转跟踪表内，每个集装箱流转一个周期内分为 2 条数据。第 1 条数据主要记录集装箱前端重箱集压信息、码头作业信息、船舶装载信息和末端处置信息，其中缺省环节为未发生作业，如堆场灰色表示集装箱未经过堆场作业直接对船舶进行装卸。第 2 条数据主要记录集装箱空箱返航信息、船舶装载情况、前端空箱装载信息，其中缺省环节为未发生作业。

3-128　问："堆场作业履历"界面的功能是什么？

答："堆场作业履历"界面为查询日期内码头堆场作业情况明细表。具体功能如下。

① 选择码头。分为老港东码头、老港北码头、虎林码头、闵吴码头、徐浦码头，根据账号登录权限默认选择对应码头，也可根据需求进行筛选。

② 选择集装箱类型。分为全部、水平箱、兼容箱、厨余箱、餐饮箱，默认为全部，可根据需求进行筛选。

③ 选择空重类型。分为全部、空箱、重箱，默认为全部，可根据需求进行筛选。

④ 选择好/坏类型。分为全部、正常、坏箱，默认为全部，可根据需求进行筛选。

⑤ 集装箱箱号。点击"展开"后，默认为全部，可通过筛选集装箱箱号范围进行自定义查找。注意：图 3-51 所示已操作"展开"，故图片显示"收起"，正常打开该界面时为未展开状态，如需进行筛选操作需手动点击"展开"。

⑥ 贝位位置。点击"展开"后，默认为全部，可通过筛选贝位位置范围进行自定义查找。

⑦ 选择放置日期。点击"展开"后，默认为全部，可通过筛选放置日期范围进行自定义查找。

⑧ 贝位汇总（图 3-51）。统计筛选码头每个贝位上各箱型空、重集装数

图 3-51 "贝位汇总"界面图

量，包括贝位号、总箱量、空箱数（水平箱、兼容箱、厨余箱、餐饮箱）、重箱数（水平箱、兼容箱、厨余箱、餐饮箱）。

⑨ 实时桥吊汇总。点击"实时桥吊汇总"可查询该界面，如图 3-52 所示。统计筛选码头每个桥吊各箱型空、重集装数量，包括桥吊号、作业类型、贝位位置、总箱量、空箱数（水平箱、兼容箱、厨余箱、餐饮箱）、重箱数（水平箱、兼容箱、厨余箱、餐饮箱）。

⑩ 贝位记录。点击"贝位记录"可查询该界面，如图 3-53 所示。统计筛选码头每个贝位具体位置作业明细，堆场贝位位置列表包括贝位号、排数、层号、箱号、空/重、坏箱、放置日期，选中需查询行可在右侧堆场贝位位置履历中查询对应作业履历数据，包括作业日期时间、作业类型、箱号、空/重、坏箱、船舶、桥吊、正面吊、集卡、备注，其中备注中会记录集装箱由人工添加/删除的操作时间。

码头：□　集箱类型：□　空重类型：□　好/坏类型：□　　查询　重置　展开 ∨

贝位汇总　实时桥吊总汇　贝位记录　后方堆场

▌实时桥吊总汇

桥吊	作业类型	贝位位置	箱量汇总										
			总箱量	空箱					重箱				
				水平	兼容	餐饮	厨余	总箱数	水平	兼容	餐饮	厨余	总箱数
老港东#1		00->21	140	42	0	5	92	139	1	0	0	0	1
老港东#2	装空箱	10->32	69	26	0	6	36	68	1	0	0	0	1
老港东#3	装空箱	22->40	17	12	0	3	2	17	0	0	0	0	0
老港东#4	卸重箱	30->48	15	12	0	0	2	14	0	0	0	0	1
老港东#5	卸重箱	38->56	6	1	0	0	0	1	2	0	0	3	5
老港东#10		46->65	6	0	0	0	0	0	0	0	0	3	6
老港东#11		58->80	2	0	0	0	0	0	0	0	1	1	2

图 3-52　"实时桥吊汇总"界面图

码头：□　集箱类型：□　空重类型：□　好/坏类型：□　　查询　重置　展开 ∨

贝位汇总　实时桥吊总汇　贝位记录　后方堆场

▌堆场贝位位置列表

序号	贝位	排	层	箱号	空
1	00	01	1		
2	00	01	2		
3	00	02	1		
4	00	02	2		
5	00	03	1		
6	00	03	2		
7	00	04	1		
8	00	04	2		
9	00	05	1	2675	

▌堆场贝位位置履历

序号	作业日期时间	作业类型	箱号	空/重
1	2023-02-01 13:08:12	放箱	2675	空箱
2	2023-01-30 14:56:38	放箱	1703	空箱
3	2023-01-26 10:05:47	放箱	2480	空箱
4	2023-01-25 13:41:59	放箱	0781	空箱
5	2023-01-12 16:14:26	放箱	2431	空箱
6	2022-12-01 14:25:41		1367	空箱
7	2022-11-27 13:50:04	放箱	1367	空箱

图 3-53　"贝位记录"界面图

⑪ 后方堆场。点击"后方堆场"可查询该界面，如图 3-54 所示。包括当前集装箱记录、过往履历，其中当前集装箱记录包括箱型、箱号、坏箱、保养箱、报废箱、放置时间，过往履历包括作业时间日期、作业类型、箱号、桥吊、正面吊、集卡。

| 码头：□ | 集箱类型：□ | 空重类型：□ | 好/坏类型：□ | 查询 重置 展开∨ |

贝位汇总　实时桥吊总汇　贝位记录　后方堆场

当前集箱记录　过往履历

▌当前在场集箱列表

序号	箱型	箱号	坏箱	保养箱	报废箱	放置日期时间
1	水平箱	0407		✓		2023-01-30 09:19:28
2	水平箱	0420		✓		2023-01-22 20:39:26
3	水平箱	0423	✓	✓		2022-01-25 09:22:32
4	水平箱	0434		✓		2022-10-31 18:35:09
5	水平箱	0443				2021-12-27 14:13:23
6	水平箱	0448		✓		2023-02-01 12:13:58
7	水平箱	0450		✓		2022-02-16 13:51:04
8	水平箱	0453	✓	✓		2022-06-23 09:56:24
9	水平箱	0454	✓			2023-01-31 09:18:29
10	水平箱	0455	✓	✓		2022-01-05 09:16:00
11	水平箱	0460		✓		2022-01-22 21:26:54
12	水平箱	0465		✓		2022-11-11 09:38:05
13	水平箱	0466	✓			2022-12-10 08:40:39
14	水平箱	0466		✓		2022-12-06 13:31:03
15	水平箱	0467		✓		2022-12-12 12:49:21
16	水平箱	0470	✓	✓		2022-08-09 09:50:07

图 3-54　"后方堆场"界面图

3-129 问："桥吊作业履历"界面的功能是什么？

答："桥吊作业履历"界面为查询日期内筛选码头所有桥吊作业情况明细表，界面默认为当日作业数据，如图 3-55 所示。

具体功能如下。

① 选择基地。分为徐浦基地、虎林基地、闵吴基地、老港基地，根据账号登录权限默认选择对应基地。

② 选择码头。老港基地分为老港东码头、老港北码头，其他基地为其对应码头，可根据需求进行筛选。

③ 选择时间。分为当日、本周、本月、年度、自定义时间段，界面默认为当日作业数据，也可根据需求进行筛选。

④ 集装箱箱号。可通过筛选集装箱箱号进行自定义查找。

⑤ 船号。可通过筛选船舶号进行自定义查找。

图 3-55　"桥吊作业履历"界面图

⑥ 集卡号。可通过筛选集卡车号进行自定义查找。

⑦ 桥吊统计。统计筛选码头所有桥吊具体作业明细，包括桥吊号、班次、桥吊工、作业类型、一次吊装、二次吊装、装卸箱量、汇总量，其中装卸箱量、汇总量数字表示装卸作业总数（水平箱作业总数，兼容箱作业总数，厨余箱作业总数，餐饮箱作业总数，异常作业总数）。选中"桥吊统计"内桥吊作业行可以在右侧查看桥吊作业履历明细数据，包括作业日期、作业类型、空重类型、起吊（时间、起吊箱号、船号、船舶位置、集卡号、堆场位置）、落箱（时间、落箱箱号、船号、船舶位置、集卡号、堆场位置），其中起吊箱号为船舶泊位计划内船只对应来港的集装箱分布数据。当落箱与集卡车辆作业时，此时的箱号为视频识别系统识别数据，若落箱作业为堆场时为起吊箱号。另外，桥吊作业履历中由于异常导致数据不完成或问号箱，会通过红色标注进行提示，并汇总异常吊总数。

3-130 问："计量信息查询"界面的功能是什么？

答："计量信息查询"界面为查询日期内各处置场作业情况统计表，分为

"计量信息查询：全程分类""计量信息查询：陆杰"。这 2 个查询界面的区别是数据来源不同，前者取自全程分类系统，后者取自陆杰计量系统，界面默认均为当日作业数据。具体功能如下。

①"计量信息查询：全程分类"。可通过筛选场地、车类型、垃圾类型、车牌号、抵达时间进行自定义查找，查询表包括场地名称、场地编号、场地类型、作业车牌号、车类型、来源区县、进场时间、垃圾类型、垃圾重量、皮重、额重、数据采集时间、创建时间。

②"计量信息查询：陆杰"。可通过筛选场地、车类型、垃圾类型、车牌号、抵达时间进行自定义查找，查询表包括场地名称、场地编号、场地类型、作业车牌号、车类型、来源区县、进场时间、垃圾类型、垃圾重量、皮重、额重、数据采集时间、创建时间。

3-131 问："集箱实时位置分布"界面的功能是什么？

答："集箱实时位置分布"界面为查询日期内集装箱实时位置分布情况明细表，如图 3-56 所示。

图 3-56 "集箱实时位置分布"界面图

具体功能如下。

① 选择基地。分为徐浦基地、虎林基地、闵吴基地、老港基地，根据账号登录权限默认选择对应基地。

② 选择码头。老港基地分为老港东码头、老港北码头，其他基地为其对应码头，可根据需求进行筛选。

③ 选择箱型。分水平箱、兼容箱、厨余箱、餐饮箱，不筛选默认为全部，也可根据需求进行筛选。

④ 选择日期。默认为所有时间，也可通过筛选最后一次落箱时间进行自定义查找。

⑤ 码头集装箱分布。包括集装箱箱号、车号、箱重类型、码头、基地、集装箱位置、贝位号、最后一次落箱时间。

⑥ 区县集装箱分布。点击“区县集箱分布”可查询该界面，通过筛选区县组织进行自定义查找，默认为全部，包括集装箱箱号、集卡、出码头时间、区县。

3-132　问：“后方堆场管理”界面的功能是什么？

答：“后方堆场管理”界面为查询日期内筛选码头后方堆场集装箱统计明细表，如图 3-57 所示。

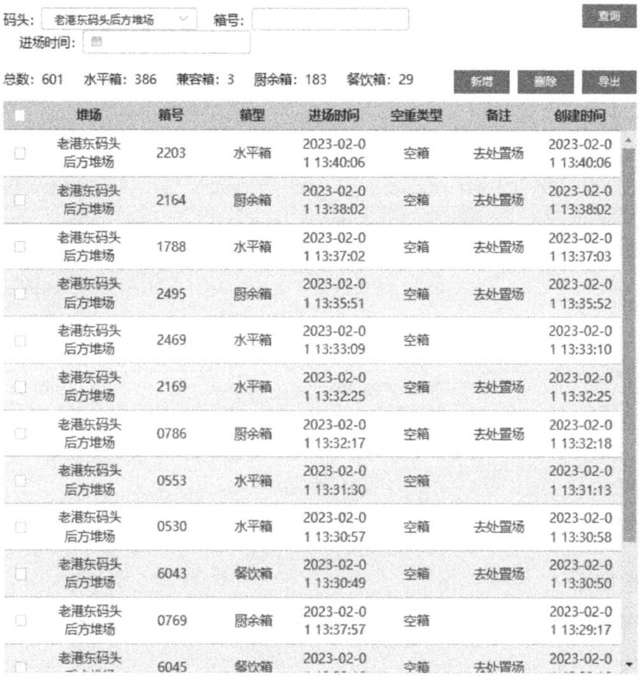

堆场	箱号	箱型	进场时间	空重类型	备注	创建时间
老港东码头后方堆场	2203	水平箱	2023-02-01 13:40:06	空箱	去处置场	2023-02-01 13:40:06
老港东码头后方堆场	2164	厨余箱	2023-02-01 13:38:02	空箱	去处置场	2023-02-01 13:38:02
老港东码头后方堆场	1788	水平箱	2023-02-01 13:37:02	空箱	去处置场	2023-02-01 13:37:03
老港东码头后方堆场	2495	厨余箱	2023-02-01 13:35:51	空箱	去处置场	2023-02-01 13:35:52
老港东码头后方堆场	2469	水平箱	2023-02-01 13:33:09	空箱		2023-02-01 13:33:10
老港东码头后方堆场	2169	水平箱	2023-02-01 13:32:25	空箱	去处置场	2023-02-01 13:32:25
老港东码头后方堆场	0786	厨余箱	2023-02-01 13:32:17	空箱	去处置场	2023-02-01 13:32:18
老港东码头后方堆场	0553	水平箱	2023-02-01 13:31:30	空箱		2023-02-01 13:31:13
老港东码头后方堆场	0530	水平箱	2023-02-01 13:30:57	空箱	去处置场	2023-02-01 13:30:58
老港东码头后方堆场	6043	餐饮箱	2023-02-01 13:30:49	空箱	去处置场	2023-02-01 13:30:50
老港东码头后方堆场	0769	厨余箱	2023-02-01 13:37:57	空箱		2023-02-01 13:29:17
老港东码头	6045	餐饮箱	2023-02-0	空箱	去处置场	2023-02-0

图 3-57　“后方堆场管理”界面图

具体功能如下。

① 选择码头。老港基地分为老港东码头后方堆场、老港北码头后方堆场，其他基地为其对应码头后方堆场，可根据需求进行筛选。

② 集装箱箱号。可通过筛选集装箱箱号进行自定义查找。

③ 进场时间。默认为所有时间，也可通过筛选进场时间进行自定义查找。

④ 后方堆场管理。包括堆场、箱号、箱型、进场时间、空重类型、备注、创建时间。

⑤ 右上方功能键。包括新增、删除、导出。"新增"可通过输入码头、箱号、空重类型、进场时间、备注对后方堆场集装箱进行添加，也可通过"删除"对异常集装箱进行删除。

3-133 问："箱子视图"界面的功能是什么？

答："箱子视图"界面为查询日期内集装箱位置统计明细表，如图 3-58 所示。

箱号	最后一次出现时间	空重类型	地点
0401	2023-01-18 18:23:13	空箱	徐浦码头
0402	2023-01-20 12:12:40	空箱	黄浦区
0403	2023-01-18 13:15:31	空箱	徐浦码头
0404	2023-02-01 08:29:41	空箱	老港东码头
0405	2023-01-14 15:53:39	空箱	虹口区
0406	2023-02-01 11:30:54	重箱	老港在途
0407	2023-01-30 09:19:28	空箱	老港东码头
0408	2022-12-12 12:45:38	空箱	老港东码头
0409	2023-02-01 12:00:34	重箱	徐浦码头
0410	2023-01-31 13:31:15	空箱	虎林码头
0411	2023-01-31 13:01:27	空箱	闵吴码头
0412	2023-01-31 21:08:41	重箱	虎林码头
0413	2023-02-01 10:40:09	重箱	老港在途
0414	2022-12-16 05:55:52	重箱	闵吴码头
0415	2022-10-23 13:45:53	空箱	老港东码头

图 3-58 "箱子视图"界面图

具体功能如下。

① 集装箱箱号。可通过筛选集装箱箱号进行自定义查找。

②　选择时间。默认为所有时间，也可通过筛集装箱最后一次出现时间进行自定义查找。

③　箱子视图。包括箱号、最后一次出现时间、空重类型、地点，其中最后一次出现时间为视频识别系统最后一次集装箱箱号识别结果数据记录时间。

3-134　问：系统指令程序有哪些内容？

答：①"进口及空箱桥吊集卡指令"界面可查询码头入口智能视频识别系统数据及对应的集卡指令信息。

②"空箱桥吊指令"界面可查询系统内空箱作业桥吊指令信息。

③"重箱桥吊指令"界面可查询系统内重箱作业桥吊指令信息。

④"出口道闸集卡指令"界面可查询码头出口智能视频识别系统数据及对应的集卡指令信息。

⑤"集卡停错列表"界面可查询集卡作业指令及实际作业信息，列出指令与实际作业不一致内容。

⑥"保养处理列表"界面可查询保养箱、坏箱指令及实际作业信息。

⑦"重复箱列表"界面可查询堆场、船舶之间重复箱信息。

⑧"生物能源处理作业记录"界面可查询生物能源再利用中心厨余线和餐饮线处置情况，通过界面也可对异常箱号进行人工修正。

⑨"箱实不符记录"界面可查询集装箱被标记箱实不符信息及复原情况。

⑩"返箱指令实际对照"界面可查询集卡空箱作业指令及实际作业信息，列出指令与实际作业不一致内容。

⑪"处置场参数"界面可对各末端处置场参数进行设置。

⑫"离港装船差错率"界面可查询返航船只集装箱装载分布异常比例。

3-135　问："进口及空箱桥吊集卡指令"界面的功能是什么？

答："进口及空箱桥吊集卡指令"界面为查询日期内老港码头入口智能视频识别系统信息及对应的集卡作业指令明细数据，界面默认为当日作业数据。具体功能如下。

①　选择码头。分为老港东码头、老港北码头，可根据需求进行筛选。

②　选择日期。可通过筛选作业日期进行自定义查找。

③　空箱桥吊出勤。对已出勤桥吊，在桥吊号后标记"出勤"，缺省为未出勤桥吊。

④　指令内容。分为全部、陆侧全部、陆侧返箱。其中"陆侧全部"是指

所有发布的对陆侧堆场进行作业的指令，"陆侧返箱"是指在返箱控制的前提下发布的堆场作业指令，界面默认为"全部"，可通过筛选进行自定义查找。

⑤ 空箱桥吊分配集卡指令。统计由桥吊驾驶员通过终端"新指令"功能键生成指令数。

⑥ 进口道闸视频。包括作业时间、车号、箱号，数据取自智能视频识别系统。

⑦ 进口道闸集卡指令。包括作业时间、车号、箱号、箱状态、指令，其中箱状态分为正常、保养、维修、坏箱、报废等，集卡进口指令具体内容如下。

a. 正常情况下，海侧作业时发布"请移动至×号吊，××贝位海侧"作业指令，陆侧作业时发布"请移动至×号吊，××贝位陆侧"作业指令。

b. 若作业集装箱仅满足部分已靠泊作业船只返箱需求，发布"请移动至×号吊，××贝位海侧，返箱控制，优先上船"作业指令。

c. 若作业集装箱均不满足已靠泊作业船只返箱需求，场地前伸距有空位可堆放时，发布"请移动至×号吊，××贝位陆侧返箱控制"作业指令。

d. 若作业集装箱不满足已靠泊作业船只返箱需求，且场地前伸距无空位可堆放时，发布"请移动至×号吊，××贝位海侧，返箱控制，强制上船"作业指令。

e. 若作业集装箱为保养、维修、坏箱、报废状态，场地后伸距有空位时，发布"请移动至×号吊，××贝位陆侧保养/维修/坏/报废箱"作业指令。

f. 若作业集装箱为保养、维修、坏箱、报废状态，且场地后伸距无空位时，发布"未找到处理保养箱、坏箱的桥吊，请联系中控"提醒指令。

g. 若系统开启"跨车道作业"模式，发布"请注意！×号吊正在跨车道作业"提醒指令。

h. 若系统未开启"动态呼叫"模式，作业集装箱为餐饮箱时发布"×号吊将跨车道作业，注意安全避让，第一辆集卡请留空一个贝位"提醒指令。

3-136 问："空箱桥吊指令"界面的功能是什么？

答："空箱桥吊指令"界面为查询日期内空箱桥吊作业指令明细，是与入口集卡空箱作业指令相匹配的，界面默认为当日作业数据。具体功能如下。

① 选择码头。分为老港东码头、老港北码头，可根据需求进行筛选。

② 选择日期。可通过筛选作业日期进行自定义查找。

③ 空箱指令：包括作业时间、车号、箱号、语音指令、文字指令，桥吊

指令具体内容如下。

a.船舶靠泊确认后，发布"××号船已靠泊×贝位，当前作业完成后，请移动到×贝位，准备作业"作业指令。若桥吊作业贝位与船舶靠泊基准贝位一致，发布"××号船已靠泊×贝位"作业指令。

b.正常情况下，海侧作业时发布"卸×车，箱号××××，放置船（×贝位，×排，×层）"作业指令；陆侧作业时发布"卸××车，箱号××××，放堆场前伸距"作业指令。

c.当系统开启"跨车道作业"模式时，发布"卸堆场（×贝位，×排，×层），箱号××××，放置船（×贝位，×排，×层）"作业指令。

d.若作业集装箱为保养、维修、坏箱、报废状态，场地后伸距有空位时，发布"卸××车，箱号××××，保养/维修/坏/报废箱放堆场后伸距"作业指令。

e.异常情况下，发布"请移动到×贝位，按新指令键，系统给新作业指令"提醒指令。

3-137 问："重箱桥吊指令"界面的功能是什么？

答："重箱桥吊指令"界面为查询日期内重箱桥吊作业指令明细，界面默认为当日作业数据。具体功能如下。

① 选择码头。分为老港东码头、老港北码头，可根据需求进行筛选。

② 选择日期。可通过筛选作业日期进行自定义查找。

③ 重箱指令。包括作业时间、车号、箱号、语音指令、文字指令，桥吊指令具体内容如下。

a.船舶靠泊确认后，发布"××号船已靠泊×贝位，当前作业完成后，请移动到×贝位，准备作业"作业指令，若桥吊作业贝位与船舶靠泊基准贝位一致，发布"××号船已靠泊×贝位"作业指令。

b.正常情况下，海侧作业时发布"卸船××××箱，请落箱到集卡"作业指令，陆侧作业无作业指令。

c.若系统开启"动态呼叫"模式，陆侧作业时发布"陆侧作业，纯动态呼叫开启，在第1个，位置×贝位×行××层，箱号××××"作业指令。

d.若系统未开启"动态呼叫"模式，作业集装箱为餐饮箱时发布"卸船××××箱，未被动态呼叫，请放堆场前伸距"作业指令。

e.若卸船作业，作业集装箱为重坏箱且需要抢修时发布"卸船××××箱，坏箱放堆场后伸距"作业指令。

3-138 问："出口道闸集卡指令"界面的功能是什么？

答："出口道闸集卡指令"界面为查询日期内老港码头出口智能视频识别系统信息及对应的集卡作业指令明细数据，界面默认为当日作业数据。具体功能如下。

① 选择码头。分为老港东码头、老港北码头，可根据需求进行筛选。

② 选择日期。可通过筛选作业日期进行自定义查找。

③ 出口道闸视频。包括作业时间、车号、箱号，数据取自智能视频识别系统。

④ 出口道闸集卡指令。包括作业时间、车号、箱号、指令，出口道闸集卡指令具体内容如下。

a. 正常情况下，发布对应末端处理线作业指令。

b. 作业集装箱标记为"箱实不符"时，发布"××××箱实不符，请前往××处置场"作业指令，其中××处置场为托底处置场，在处置场参数界面内进行设置。

c. 若系统未开启"动态呼叫"模式，作业集装箱为餐饮箱时发布"没有动态呼叫，不可去处置场，请联系中控"提示指令。

3-139 问："集卡停错列表"界面功能是什么？

答："集卡停错列表"界面为查询日期内集卡未按指令作业明细数据，界面默认为当日作业数据。具体功能如下。

① 选择日期。可通过筛选作业日期进行自定义查找。

② 空箱集卡。包括集卡号、作业时间、作业桥吊、指令桥吊。

③ 重箱集卡。包括集卡号、作业时间、作业桥吊、指令桥吊。

④ 集卡处置场。包括集卡号、作业时间、作业桥吊、指令桥吊，其中有排除生物能源再利用中心选项，勾选后将把生物能源再利用中餐饮箱和厨余箱交叉错误的情况排除。

3-140 问："保养处理列表"界面的功能是什么？

答："保养处理列表"界面为查询日期内保养箱、维修箱、坏箱、报废箱作业指令及实际作业明细数据，界面默认为当日作业数据。具体功能如下。

① 选择日期。可通过筛选作业日期进行自定义查找。

② 挑箱数量。包括指令发布时间、车号、箱号、指令。

③ 实际吊运至后伸距。包括实际作业时间、箱号、全箱号、箱状态、桥

吊、贝位、排、层，其中箱状态分为正常、保养、维修、坏箱、报废等。

3-141　问："重复箱列表"界面的功能是什么？

答："重复箱列表"界面为查询日期内集装箱由于识别异常导致重复的明细情况，界面默认为当日作业数据。具体功能如下。

① 选择日期。可通过筛选作业日期进行自定义查找。

② 排序顺序。分为承载对象、集装箱号，其中按承载对象排序表示按堆场和船舶进行排序，按集装箱号排序表示按集装箱号顺序进行排序，不考虑集装箱具体位置。

③ 堆场重复箱量。包括承载对象、位置、集装箱号。

④ 船上重复箱量。包括承载对象、位置、集装箱号、目的港、当前水运状态。

⑤ 堆场与船上重复箱量。包括堆场、堆场位置、堆场箱号、船号、船上位置、船上箱号、目的港、当前水运状态。

3-142　问："生物能源处理作业记录"界面的功能是什么？

答："生物能源处理作业记录"界面为查询日期内生物能源再利用中心末端处置情况明细数据，界面默认为当日作业数据。具体功能如下。

① 选择日期。可通过筛选作业日期进行自定义查找。

② 生物能源处理作业记录。包括处置场、作业时间、集卡、箱号、箱型、垃圾类型、重量、识别号、更改箱号，具体功能如下。

a. 处置场、作业时间、集卡、重量数据来源为生物能源再利用中心出入口称重系统。

b. 箱号是根据称重系统车号自动匹配智能识别系统中出口道闸集卡作业记录内集装箱箱号进行拼接，箱型、垃圾类型根据箱号进行匹配，由于出口识别系统异常导致箱号匹配错误，可通过"更改箱号"功能进行箱号修改。

c. 更改箱号。选中需要修改的集装箱箱号行，点击"修改箱号"功能键，在"新箱号"内输入正确箱号，点击"保存"即可完成更改箱号。

3-143　问："箱实不符记录"界面的功能是什么？

答："箱实不符记录"界面为查询日期内集装箱实装垃圾与箱型不匹配的明细数据，界面默认为当日作业数据。具体功能如下。

① 选择日期。可通过筛选作业日期进行自定义查找，点击右侧"含以前

日期"将列出包括筛选日期过去的全部数据。

② 状态。包括全部、未复原、已复原，其中"全部"代表全部数据箱实不符数据，"未复原"是指已标记箱实不符但还未被复原成原箱型的集装箱，"已复原"是指已标记箱实不符且被复原成原箱型的集装箱。

③ 箱实不符记录。包括登记时间、船号、箱号、理论箱型、更改箱型、处理人、是否复原、复原时间，其中理论箱型代表系统内设置原箱型，更改箱型表示这一次更改成的临时箱型。

3-144 问："返箱指令实际对照"界面的功能是什么？

答："返箱指令实际对照"界面为查询日期船舶空箱返箱过程中集卡未按照指令作业的明细数据，界面默认为当日作业数据。具体功能如下。

① 选择开始日期。可通过筛选作业日期进行自定义查找。

② 选择结束日期。可通过筛选作业日期进行自定义查找。

③ 总数量。统计筛选作业时间段内集卡未按照指令作业总数。

④ 强制上船不符实际数量。统计筛选作业时间段内集卡未按照"请移动至×号吊，××贝位海侧，返箱控制，强制上船"作业指令执行总数。

⑤ 返箱陆侧控制不符实际数量。统计筛选作业时间段内集卡未按照"请移动至×号吊，××贝位陆侧返箱控制"作业指令执行总数。

⑥ 返箱指令实际对照。包括日期时间、车号、箱号、箱型、箱状态、指令、堆场、船舶，其中堆场和船舶均显示具体作业位置，包括桥吊号、船舶号、贝位号、排号、层号。

3-145 问："处置场参数"界面的功能是什么？

答："处置场参数"界面为各处置场集装箱配送规则设置界面，此界面具体功能如下。

① 处置场分配规则参数。包括码头、开始时间、结束时间、处置类别、固定处置场、序号、自动分配处置场、最大进入车辆、控制连续进入箱型、控制连续箱型车数、是否托底处置场数据信息，更改参数界面分为更改自动分派处置场参数、处置场箱型定义（不区分班次）、处置场日最大处置重量。

a.码头。为固定参数，分为老港东码头、老港北码头。

b.开始时间、结束时间。为固定参数，按时间段开始时间到结束时间区分早班、中班。日班开始时间为 00：00：00，结束时间为 15：29：59；中班开始时间为 15：30：00，结束时间为 23：59：59。

　　c. 处置类别。为固定参数，分为自动分配和固定处置场。自动分配为根据处置场分配设置参数规则进行集装箱按需分派；固定处置场为不再根据设置参数分派，在固定的处置点位进行作业。

　　d. 序号。为固定参数，根据日班、中班处置场排序自动进行编号。

　　e. 自动分配处置场。为固定参数，分为再生能源、填埋场。由于生物能源再利用中心使用"动态呼叫"按需配送模式，故不包含在内。

　　f. 最大进入车辆。为自定义参数，按"处置场分配规则参数"表格的选择行对应处置场。通过修改"更改自动分派处置场参数"对选择处置场最大进入集卡数进行设置，已进入车辆数统计为处置场称重系统实时识别进入 1 辆集卡，则最大进入车辆数扣减 1；处置场称重系统实时识别驶出 1 辆集卡，则最大进入车辆数加 1。当最大进入车辆数大于 0 时，该处置场在系统内为非拥堵标志；当最大进入车辆数等于 0 时，该处置场在系统内为拥堵标志。

　　g. 控制连续进入箱型。为自定义参数，按"处置场分配规则参数"表格内选择对应处置场，通过修改"更改自动分派处置场参数"对选择处置场控制连续进入箱型进行设置，系统默认为空，代表不控制。若需控制，可人工选填，分为水平箱、兼容箱、厨余箱、餐饮箱，按实际需求进行设置。

　　h. 控制连续箱型车数。为自定义参数，按"处置场分配规则参数"表格内选择对应处置场，需先设定"控制连续进入箱型"后，再通过修改"更改自动分派处置场参数"对选择处置场控制连续箱型车数进行设置。未作业时控制连续箱型车数为 0，当称重系统实时识别进入 1 辆集卡的集装箱箱型为控制连续箱型时，则当前控制集装箱箱型连续进入数扣减 1；当处置场称重系统实时识别驶出 1 辆集卡的集装箱箱型为控制连续箱型时，则当前控制集装箱箱型连续进入数加 1。当控制连续箱型车数大于 0 时，该处置场处置设置箱型在系统内为可入标志；当控制连续箱型车数等于 0 时，该处置场处置设置箱型在系统内为不可入标志。

　　i. 是否托底处置场。为自定义参数，托底处置场不受最大进入车辆数、控制连续箱型车数的限制，每个班次都要设置一个处置场为托底处置场，在"处置场分配规则参数"表格内选择对应处置场。通过勾选"更改自动分派处置场参数"对选择处置场是否为托底处置场进行设置，默认为不勾选，代表不是托底处置场，需设置时可人工进行勾选。托底处置场的设置起到异常作业情况下集装箱末端处置托底保障的作用。在系统内进行卸点指令计算时，如果所有处置场判断完成后均没有本箱型对应的分配处置场，则将分配托底处置场进行处置。另外，对于箱实不符的异常集装箱，也会送到托底处置场进行作业。

j.处置场箱型定义（不区分班次）。为自定义参数，处置场箱型定义是不区分班次的，在"处置场分配规则参数"表格内选择对应处置场，只要选择一个班次的相同处置场，处置场箱型的更改都是全天的。处置场箱型定义只有新增和删除，不可以修改，在"处置场分配规则参数"表格内选择对应处置场后，在处置场箱型定义（不区分班次）表格内会显示被选择处置场的名称，确定无误后可对该处置场处置集装箱箱型进行自定义。集装箱箱型分为水平箱、兼容箱、厨余箱、餐饮箱，新增时可下拉选择集装箱箱型，序号建议输入，也可省略，缺省默认为 0，按"确认"键后进行增加，也可在处置场箱型定义（不区分班次）表格内选择删除该处置场的集装箱处置箱型。注意，在确认后会刷新整个界面，对于已操作的处置场需要重新选择"处置场分配规则参数"表格数据行进行查看。

k.处置场日最大处置量。为自定义参数，处置场日最大处置量定义是不区分班次的，在"处置场分配规则参数"表格的选择行对应处置场，只要选择一个班次的相同处置场，处置场日最大处置量的更改都是全天的。处置场日最大处置量维护方式为按"更改数据"功能键后，按键文字从"更改数据"变为"不再更改"时，可修改各处置场的日最大处置量，然后按"不再更改"功能键，按键文字从"不再更改"变为"更改数据"即为完成设置。处置场日最大处置量在每日班前需根据配置开启的非动态呼叫处置场的日最大处置量进行设置，系统将自动计算出集卡车辆分配处置场配比表，并且每次分配集卡及进入、驶出处置场后系统都会自动更新。

通过处置场参数设置，处置场动态调度系统充分考虑到处置场的处置量配比均衡、集卡车辆的拥堵等情况。系统的工作原理是非常复杂的，以下将举例说明。由于班次之间逻辑较为类似，故举例中不区分班次。另外固定处置场逻辑简单，此处仅对自动分配处置场进行简单说明。处置场模拟参数见表 3-12。

表 3-12 处置场模拟参数

序号	自动分配处置场	最大进入车辆	控制连续进入箱型	控制连续箱型车数	是否托底处置场	处置场箱型定义	日最大处置量/t
1	处置场 1	5	—	—	是	箱型 1	8000
2	处置场 2	4	箱型 2	2	—	箱型 1 箱型 2	6000
3	处置场 3	3	—	—	—	箱型 1 箱型 2	4000

• 分配总车数比：是根据处置场日最大处置重量进行计算的，例如处置场

1：处置场 2：处置场 3＝8000：6000：4000＝4：3：2，集卡分配总车数排列顺序为由大到小。

• 开始作业后，集卡 1 装载箱型 1 的集装箱经过码头出口时触发智能识别系统，系统获取车号、箱号。箱型 1 是满足所有处置场分配箱型，所以在系统内待分配位置，初始在序号 1 处，此时处置场 1 最大进入车数大于 0，拥堵状态为非拥堵标志，系统发布集卡 1 "处置场 1" 作业指令。当处置场 1 称重系统识别到集卡 1 进入作业时，处置场 1 的分配总车数和最大进入车辆扣减 1，待分配位置顺次下移，但可达位置必须满足处置场设置的自定义箱型且分配总车数和最大进入车辆数都大于 0。随着作业持续后续更新触发条件，依序号向下移，移至最大序号后再循环至序号 1 进入下一轮分配。

• 当集卡 2 装载箱型 2 的集装箱经过码头出口时触发智能识别系统，系统获取车号、箱号信息。箱型 2 仅满足处置场 2、处置场 3 分配箱型。分配总车数比：处置场 2：处置场 3＝3：2，此时处置场 2 最大进入车数大于 0，拥堵状态为非拥堵标志，且处置场 2 当前控制垃圾类型连续进入车数大于 0，为可入标志，故在系统内分配位置在序号 2 处，系统发布集卡 2 "处置场 2" 作业指令。当处置场 2 称重系统识别到集卡 2 进入作业时，处置场 2 分配总车数、最大进入车辆、控制垃圾类型连续进入车数扣减 1，待分配位置顺次下移。

• 当集卡 3 装载箱型 2 的集装箱经过码头出口时触发智能识别系统，系统获取车号、箱号信息。当集卡 2 还在处置场 2 内作业时，分配总车数比：处置场 2：处置场 3＝2：2，此时系统内分配位置在序号 3 处，系统发布集卡 3 "处置场 3" 作业指令。若集卡 3 在码头出口识别时集卡 2 已完成处置场 2 的作业且已经驶出处置场 2，称重系统获取集卡 2 作业信息，若分配总车数比＝处置场 2：处置场 3＝（6000－集卡 2 作业集装箱净重）：4000≈3：2，系统内分配位置仍在序号 2 处，系统发布集卡 3 "处置场 2" 作业指令。

• 当集卡 N 装载箱型 2 集装箱经过码头出口时触发智能识别系统，系统获取车号、箱号信息。此时处置场 2 内箱型 2 已进入作业集卡数量为 2，控制垃圾类型连续进入车数等于 0，为不可入标志。处置场 3 已进入作业集卡数量为 3，最大进入车数等于 0，拥堵状态为拥堵标志，系统内计算判断没有箱型 2 对应的可分配处置场，此时处置场 1 为托底处置场，虽然处置场箱型定义没有配置箱型 2，但系统也会触发布集卡 N "处置场 1" 作业指令。当处置场 1 称重系统识别到集卡 N 进入作业时，处置场 1 的分配总车数和最大进入车辆扣减 1，待分配位置顺次下移。

• 当集装箱经过码头出口时触发智能识别系统，系统获取集装箱箱号被标记"箱实不符"时，系统无需进行计算，直接发布托底处置场"处置场 1"作业指令，托底处置场不受最大进入车辆数、控制连续箱型车数的限制。

② 查询及更新模板。内容与"处置场分配规则参数"相同，可在模板中设置常用参数，以便于一键恢复设置。首先在"处置场分配规则参数"中设置参数，然后在"查询及更新模板"通过"模板数据刷新"功能键对当前模板数据进行更新，点击"当前设置存为模板"功能键进行保存。

3-146 问："离港装船差错率"界面的功能是什么？

答："离港装船差错率"界面为查询月船舶集装箱空箱返航分布数据异常率，界面默认为当月作业数据。具体功能如下。

① 选择年度。可通过筛选作业年度进行自定义查找，默认为当年，也可自定义筛选查找。

② 选择月度。可通过筛选作业年度进行自定义查找，默认为当月，也可自定义筛选查找。

③ 月平均差错率。统计筛选月度内船舶集装箱空箱返航平均分布数据异常率。

④ 离港装船差错率。包括日期、日离港错误率，其中日离港错误率＝（今日离港船舶缺箱数＋今日离港船舶问号箱数）/今日离港船舶额定总箱数。

3.2.3　运营管理

3-147 问：运营管理模块的主要作用是什么？

答：运营管理模块主要面向老港处置公司业务管理部门，通过可视化工具，实现生产流程、业务数据、决策管控的可视化。主要以大屏幕展示、图表化运营分析报表为主要输出界面，实现实时作业动态和生产运营分析的全方位、精准、直观展示，为业务部门提供管理上的决策支持。同时，通过互联网手段实现运营数据的主动沟通和互通互联，从而提升运营联动效率。

3-148 问：大屏展示有哪些内容？

答：① 如图 3-59 所示，"老港大屏展示"界面是对生产数据的统一采集、分析，为老港处置公司业务管理提供了新平台。界面分别展示了前端物流码头集装箱来港分布信息、码头生产作业信息、堆场集装箱分布概况、各末端处置点统计数据信息、产出物情况、环保在线监测数据及系统公告等内容。

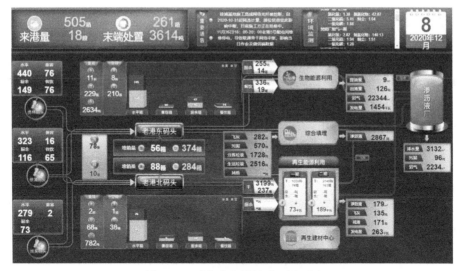

图 3-59　"老港大屏展示"界面图

②"上海老港渗沥液处理厂（一期）"界面展示了渗沥液处理厂一期的工艺流程、各类参数及实时数据。

③"上海老港综合填埋场"界面展示了综合填埋场库区模型和各库区设计高度、设计库容、已用库容、库容使用率及生活垃圾、污泥、飞灰、渗沥液等每月汇总量及年累计量。

④"上海老港再生能源中心一期"界面展示了再生能源利用中心一期的工艺流程、各类参数及实时数据。

⑤"上海老港再生能源中心二期"界面展示了再生能源利用中心二期的工艺流程、各类参数及实时数据。

⑥"生物能源再利用中心一期"界面展示了生物能源再利用中心的工艺流程、各类参数及实时数据。

3-149　问：报表管理菜单内有哪些内容？

答：①"一分公司报表"包括日看板、月看板、老港桥吊工月产量、老港桥吊产量表、老港每日调度日志、处置情况日报、运行情况日报、处置履历。

②"二分公司报表"包括出勤记录、集卡作业履历、汽修领用报表。

③"四分公司报表"包括修箱保养作业实绩管理、正面吊作业履历、老港特殊箱汇总、修箱统计。

④"渗沥液报表"包括渗沥液日报表生成、报表管理、报表字段定义、运

行报表及检验日报表等。

⑤ "老港各公司通用报表"包括设备终端登录日志、集装箱周转率。

⑥ "生产消耗"包括车船按时油耗查询、产线电耗按月峰平谷查询、车船月油耗预警、产线月电耗预警、车船月油耗预测设置、产线月电耗预测设置、产线电耗按日查询。

⑦ "生物能源再利用"包括检验日报和报表查询。

⑧ "消息及公告管理"用于对突发事件或维护通知进行公告提示。

⑨ "环境监测"包括老港基地空气监测数据、渗沥液处理厂排水监测数据以及再生能源利用中心一、二期烟气监测数据。

3-150 问："日看板"界面有哪些内容？

答："日看板"界面统计每日集装箱作业情况统计报表，包括以下数据。

（1）来港及返箱统计

① 昨日压港船数。为昨日未完成空箱装船作业留港的船舶统计数。

② 今日到港船数。为今日生成泊位计划的重船统计数。

③ 来港作业量-待作业船数。为已生成泊位计划但未靠泊作业重船统计数。

④ 来港作业量-垃圾类型。分为干垃圾、厨余垃圾、餐厨垃圾，其重量取值为前端物流集压重量，箱数为来港各垃圾类型集装箱统计数。

⑤ 来港作业量-箱型。分为水平箱、兼容箱、厨余箱、餐厨箱，根据来港船舶集装箱装载箱型进行统计。

⑥ 来港作业量-总计。各码头重量、箱量的合计，其中重量仍为前端物流集压重量。

⑦ 返箱量-离港船数。船舶离泊统计数，包括船舶终端确认离泊、中控泊位计划页面离泊操作、船舶电子围栏触发离泊。

⑧ 返箱量-箱型。分为水平箱、兼容箱、厨余箱、餐厨箱，已返表示离泊船只装载集装箱箱型统计数，差额表示与前端配箱调度内物流所填报的各箱型需求值之间的差额，正数表示未满足前端回港量需求，负数表示已满足且超出回港需求的数量。

（2）处置量统计

今日末端各处置场作业的箱量及重量统计数，此处重量统计来源为各卸点出入口称重系统的数据。

3-151 问："月看板"界面有哪些内容？

答："月看板"界面统计每月集装箱作业情况统计报表，包括以下数据。

① 作业箱。根据桥吊作业履历已作业数据，按箱型进行箱数统计。

② 末端处置。各末端处置场集装箱作业总箱数，不区分箱型，仅统计集装箱作业总箱数，不包括散装、陆运等其他作业数据，统计箱数统计来源为各卸点出入口称重系统作业数。

③ 产出。根据桥吊作业履历已作业数据，通过靠泊船舶号与船舶路线匹配来港基地，以桥吊作业履历已作业集装箱箱号来判断其箱型，对各箱型进行汇总统计。

3-152 问："老港桥吊工月产量"界面有哪些内容？

答："老港桥吊工月产量"界面对查询日期内桥吊驾驶员作业情况进行统计，包括以下数据。

（1）月产量汇总

① 桥吊工。根据桥吊终端登录信息确定桥吊驾驶员姓名，若在作业前未登录终端，则在产量汇总时会统计入"未知"列，需中控在异常处理界面对异常进行处理。

② 班次。分为白班、中班，由系统设定，桥吊驾驶员在定义时间段内终端登录时进行自动判别。

③ 一次吊装。根据桥吊作业履历信息，一次吊装为桥吊不进行堆场作业，如卸船装车、卸车装船、卸场装车、卸场装船作业。

④ 二次吊装。根据桥吊作业履历信息，二次吊装为堆场作业或在堆场、船舶内进行集装箱位置调整，如卸车堆场、卸船堆场、卸场堆场、卸船堆船作业。

⑤ 出勤数。根据桥吊终端登录信息汇总每月白班和中班作业总次数。

（2）月产量详细

根据查询周期对每日个人白班、中班的作业量进行统计。

3-153 问："老港桥吊产量表"界面有哪些内容？

答："老港桥吊产量表"界面对查询日期内作业桥吊设备作业情况进行统计，包括以下数据。

① 班次。分为白班、中班，由系统设定，桥吊驾驶员在定义时间段内终端登录时进行自动判别。

② 工作记录。分为船上车、车上船、场上车、车上场、船上场、场上船、船到船、场上场 8 类，根据桥吊作业履历信息进行统计，其中一次吊装为船上车、车上船、场上车、场上船，二次吊装为船上场、车上场、船到船、场上场。

③ 二次吊装内容。二次吊装又分为正常业务、辅助吊次、维修吊次 3 类，其中正常业务为船上场、车上场，落箱位置在场地前伸距，辅助吊次为船到船、场上场，维修吊次为船上场、车上场，落箱位置在场地后伸距。

3-154 问："老港每日调度日志"界面有哪些内容？

答："老港每日调度日志"界面对查询日期内码头作业情况进行统计，包括以下数据。

① 集运码头作业量。按作业码头分为东码头（即 1# 码头）、北码头（即 3# 码头）。码头作业班次分为白班、中班，根据桥吊作业履历信息对重船作业进行数据统计，包括作业船数、卸船量、装车量，其中作业船数为重船靠泊作业船舶数量，卸船量为卸船装车、卸船堆场合计数，装车辆为卸船装车、卸场装车合计数。

② 当日总量。按码头对白班、中班作业船数、产量、堆箱量进行统计，其中作业船数为重船靠泊作业船舶数量，产量为卸船装车、卸场装车合计数，堆箱量为场地堆放重箱集装箱总数。

③ 每日重箱调度详情。单击"老港每日调度日志"任意一条记录可跳转至"每日重箱调度详情"，可查询所有重箱船舶靠泊船舶船号、作业重箱桥吊号、作业集装箱箱量、作业箱型、船舶到港和离港时间，数据来源有泊位计划、桥吊作业履历。在界面上端还可筛选码头：全部、老港东码头、老港北码头。

3-155 问："每日处置情况日报"界面有哪些内容？

答："每日处置情况日报"界面对查询日期内各末端处置卸点作业情况进行统计，包括以下数据：四期填埋场、综合填埋场、再生能源利用中心一期、再生能源利用中心二期、生物能源再利用中心一期、生物能源再利用中心二期、再生建材利用中心，数据来源为各卸点出入口称重系统和人工补录数据。

3-156 问："每日运行情况日报"界面有哪些内容？

答："每日运行情况日报"界面对查询日期内各末端处置卸点作业情况进

行统计，包含以下数据：填埋处理、渗沥液、垃圾资源化利用、焚烧，数据来源为各卸点出入口称重系统和渗沥液日报表。

3-157　问："处置履历"界面有哪些内容？

答："处置履历"界面对查询日期内对各末端处置卸点作业及明细数据进行统计，还具有动态呼叫功能，包括以下数据。

① 处置场履历。分为厨余垃圾处理线、餐饮垃圾处理线、再生能源利用中心一期、再生能源利用中心二期、厨余垃圾处理线二期、餐饮垃圾处理线二期，数据来源为各卸点出入口称重系统，按各类箱型已处置量及箱数进行汇总统计。

② 作业履历。作业履历是在"处置场履历"中所选取对应处置场作业的明细数据，包括作业间、车号、箱号、垃圾类型、处置重量、集压重量。

a. 作业间、车号、垃圾类型、处置重量数据来源为各卸点出入口称重系统。

b. 集压重量为前端物流称重数据。

c. 箱号是根据称重系统车号自动匹配智能识别系统内出口道闸集卡作业记录的集装箱箱号进行拼接，由于出口识别系统异常导致箱号匹配错误，可通过编辑键进行箱号修改。

③ 动态处置呼叫。由中控人员进行，包括作业间、车号、箱号、垃圾类型、处置重量、集压重量。

a. 码头。统计数据分为堆场厨余重箱、堆场餐饮重箱、船上厨余重箱、船上餐饮重箱，其中堆场厨余重箱为对应码头堆场上前伸距堆场厨余重箱集装箱合计数，堆场餐饮重箱为对应前伸距堆场上所有餐饮重箱集装箱合计数，船上厨余重箱为对应码头已靠泊船只且未完成卸箱作业所有厨余重箱集装箱合计数，船上餐饮重箱为对应码头已靠泊船只且未完成卸箱作业所有餐饮重箱集装箱合计数。

b. 处置场。分为厨余垃圾处理线、餐饮垃圾处理线、厨余垃圾处理线二期、餐饮垃圾处理线二期、餐饮应急处理线，为集卡作业末端处置点位。

c. 集装箱类型：分为厨余箱和餐饮箱，厨余箱适配厨余垃圾处理线和厨余垃圾处理线二期，餐饮箱适配餐饮垃圾处理线、餐饮垃圾处理线二期、餐饮应急处理线。

d. 呼叫箱数。点击"新增"键在框内进行设置，输入所需求呼叫箱数后点击"确认呼叫"进行需求发布，对应也有"删除"和"取消呼叫"键。若当前行为空白，按"新增"键可新增处置场、垃圾类型和呼叫箱数，但在此表格中同一处置场及一种垃圾类型只能显示一行，不可重复。

e.已分配集卡数。以"呼叫箱数"为最大需求值，在重箱桥吊处每落箱一个集装箱至作业集卡车辆时已分配集卡数进行"+1"，一旦已分配集卡数等于呼叫箱数，则呼叫状态即为完成。

f.呼叫状态。分为确认呼叫、取消呼叫、完成。需对呼叫进行修改时，当前有数据行呼叫状态需要完成或手动点击"取消呼叫"键进行人工中断，再按"新增"键可修改呼叫箱数，重新点击"确认呼叫"，同时已分配集卡数清零，相当于新增一个新的动态处置呼叫需求。但若只是操作"取消呼叫"键，取消呼叫后原行数据，包括已分配集卡数依然保存的，只是呼叫状态为暂停。

④ 动态处置呼叫履历。点击"动态处置呼叫"任何一个查询行，履历中即为选中行的详细数据。若未选中行，缺省时显示"动态处置呼叫"第一行详细数据。

3-158 问："出勤记录"界面有哪些内容？

答："出勤记录"界面为统计集卡作业情况的报表，可查询出勤记录、集卡出勤记录、驾驶员出勤记录、产量统计、出勤统计，包括以下数据。

① 出勤记录。统计查询日期内集卡作业明细数据，界面默认为当日作业数据，包括日期、车号、箱号、箱型、人员（集卡驾驶员姓名）、班次、线路、单箱耗时（分钟）、箱重、箱貌。

a.日期、车号、线路、单箱耗时（min）、箱重数据来源为各卸点出入口称重系统，单箱耗时（min）由称重系统内当前集卡车辆记录的上一条作业时间减去当前记录的作业时间得到。

b.人员（集卡驾驶员姓名）为集卡终端出勤登录时集卡驾驶员输入的对应工号姓名。

c.班次由系统设定，箱号、箱型数据来源于处置履历中配对的"作业履历"信息。

d.箱貌为"箱容箱貌"界面中数据信息。

② 集卡出勤记录。统计查询日期内集卡各处置线路汇总数据，界面默认为当日作业数据，包括车号、出勤码头、线路、作业箱量、出勤天数、作业班次数。

a.车号、线路、作业箱量数据来源为各卸点出入口称重系统。

b.作业箱数为对应线路所作业箱数的合计数。

c. 出勤码头为根据集卡车号对应的"桥吊作业履历"信息。

d. 出勤天数、作业班次数为系统内记录的汇总数。

③ 驾驶员出勤记录。统计查询日期内集卡驾驶员各处置线路汇总数据，界面默认为当日作业数据，包括驾驶员、车号、出勤码头、线路、作业箱量、作业吨数、作业班次数。

a. 驾驶员为集卡终端出勤登录时集卡驾驶员输入的对应工号姓名。

b. 车号、线路、作业箱量、作业吨数数据来源为各卸点出入口称重系统，作业箱数、作业吨数为对应线路所作业的合计数。

c. 出勤码头为根据集卡车号对应的"桥吊作业履历"信息。

d. 作业班次数为系统内记录的汇总数。

④ 产量统计。统计查询日期内集卡驾驶员各处置线路汇明细数据，界面默认为当日作业数据，包括姓名、日期、车号、出勤码头、班次、处理厂、箱型、产量（箱量）。

a. 姓名为集卡终端出勤登录时集卡驾驶员输入的对应工号姓名。

b. 日期、车号、处理厂、产量（箱量）数据来源为各卸点出入口称重系统，产量（箱量）为对应线路所作业集装箱箱数的合计数。

c. 出勤码头为根据集卡车号对应的"桥吊作业履历"信息。

d. 班次分为白班、中班，由系统设定。

e. 箱型数据来源于处置履历中配对的"作业履历"信息。

⑤ 出勤统计。统计查询日期内集卡驾驶员各出勤明细数据，界面默认为当日作业数据，包括日期、车号、驾驶员、出勤码头、班次。

a. 日期、车号、驾驶员为集卡终端出勤登录时集卡驾驶员输入的对应工号姓名。

b. 出勤码头为根据集卡车号对应的"桥吊作业履历"信息。

c. 班次分为白班、中班，由系统设定。

3-159 问："集卡作业履历"界面有哪些内容？

答："集卡作业履历"界面为查询日期内集卡统计作业明细报表，包括以下数据。

① 集卡作业统计。统计查询日期内集卡驾驶员各班次内汇总数据，界面默认为当日作业数据，包括集卡号、车顶号、班次、状态、洗箱量、装卸量、固定处置点。

a. 集卡号、装卸量数据来源为"桥吊作业履历"信息，装卸量为集卡所作业的合计箱数。

b. 车顶号为系统内根据集卡号固定对应的号码，班次分为白班、中班，由系统设定。

c. 状态为集卡终端内由驾驶员设置的参数，可在集卡车辆发生故障时进行一键坏车报修。

d. 洗箱量为集卡卸料完成后对所装载集装箱进行清洗的次数。

e. 固定处置点可设定集卡至固定末端处置场进行卸料，也可缺省，缺省时固定处置点无数据。

② 集卡作业履历。统计查询日期内集卡车辆作业明细数据，界面默认为当日作业数据。包括作业日期、时间、箱号、箱重类型、进口道闸、桥吊、装载类型、船、堆场、出口道闸、处置场、图片。

a. 集作业日期、时间、箱号、箱重类型、桥吊、装载类型、船、堆场数据来源为"桥吊作业履历"信息。

b. 进口道闸、出口道闸、图片数据来源于视频识别系统。

c. 处置场数据来源为各卸点出入口称重系统。

3-160 问："汽修领用报表"界面有哪些内容？

答："汽修领用报表"界面对接集卡汽修系统，包括出库日期、客户、商品名称、单位、仓库、出库数量、销售价格、出库金额、单据类型、分类代码、分组代码、单据性质、不含税金额、出库成本、供应商、车牌号码、维修车型、不含税成本、商品分类名称、不含税售价、领料人、规格。

3-161 问："维修保养作业实绩管理"界面有哪些内容？

答："维修保养作业实绩管理"界面为查询日期内集装箱维修统计作业明细报表，支持"导出修箱实绩"和按"零部件导出修箱实绩"，还可新增和删除维修保养集装箱。界面包括以下数据。

① 修箱保养作业实绩管理。统计查询日期内集装箱维修、保养作业明细数据，界面默认为当日作业数据，包括箱号、箱型、故障内容、录入状态、维修类型、维修时间、操作。

a. 箱号、箱型、维修时间取自正面吊终端操作时坏箱移除箱号及系统自动匹配箱型，故障内容分为坏箱报修及保养箱，坏箱报修为系统内人工申报信息，保养箱为根据系统保养记录及设定保养周期自动发布的保养信息。

b. 录入状态分为已录入和未录入。

c.维修类型为大修，一般指需要较长一段时间不进入系统，如油漆箱，缺省为非大修。

② 操作。集装箱维修保养完成后，对集装箱维修保养具体内容进行系统实绩录入。

a.普通箱部件：包括扇齿轮、水平杆、小齿轮、厨余箱密封条、厨余箱全密封密封条、干垃圾箱密封条、铜套、油杆推杆、插片、销子、卡簧、螺栓、手柄、锁杆总成、餐厨箱小门密封条、餐厨箱大门密封条、锁杆固定块、硅胶、钩板、勾板垫块、漏油、压力调整、旋转板、铰链、罩壳、元钢、外框封条、靠山、压条、滚珠、电焊、气割、整喷、黄油、水密修复、码头抢修、夹物。

b.餐饮箱部件：包括出料口油缸、斜镶块油缸、油缸软管、油缸卡套14WD、油缸卡套 IC16、管路卡套 IC16、管路卡套 16W、单向顺序阀、液压锁、液压阀卡套、快速接头＋防尘帽、快速接头＋防尘帽、快速接头06WD、快速接头 16W、油管。

3-162　问："正面吊作业履历"界面有哪些内容？

答："正面吊作业履历"界面为查询日期内正面吊终端操作统计作业明细报表，界面默认为当日作业数据，包括箱号、作业方向、作业时间、箱重类型、箱子状态、作业位置、作业贝位、作业人员。

① 箱号为正面吊终端操作时所选集装箱箱号。

② 作业方向分为提箱和放箱，提箱是指集装箱从桥吊后伸距区域由正面吊吊装至集装箱维修保养区域，放箱是指集装箱从维修保养区域吊装至桥吊后伸距区域。

③ 作业时间为正面吊终端操作坏箱移除、好箱置入时操作时间。

④ 箱重类型、箱子状态、作业位置、作业贝位为根据集装箱箱号匹配系统内各数据信息，箱重类型分为空箱和重箱，箱子状态分为正常、故障、维修、保养、停用、报废，作业位置分为前方堆场、后方堆场，作业贝位为正面吊终端在系统实际操作移除、置入的位置。

⑤ 作业人员为正面吊终端登录操作人员信息。

3-163　问："老港特殊箱汇总"界面有哪些内容？

答："老港特殊箱汇总"界面为查询日期内特殊箱作业统计报表，界面默认为当日作业数据，包括日期、坏箱、漏箱、保养箱、报废箱的数量统计。当选中单击一条数据时，可查看其明细数据，包括码头、班次、各坏箱、漏箱、保养箱、报废箱具体箱号。

3-164 问："修箱信息展示"界面有哪些内容？

答："修箱信息展示"界面主要为集装箱维修人员同步维修信息，包括箱号和箱子状态，箱子状态分为坏箱维修、坏箱报修、保养箱、报废箱、停用箱、报废箱。

3-165 问："渗沥液报表"界面有哪些内容？

答："渗沥液报表"界面包括渗沥液日报表生成、渗沥液报表审核、渗沥液报表管理、渗沥液报表字段定义、渗沥液月报表编制、运行报表-MBR-PLC数据导出、运行报表-超滤-PLC数据导出、运行报表-纳滤-PLC数据导出、运行报表-反渗透-PLC数据导出、运行报表-DTRO系统-PLC数据导出、运行报表-物料膜系统-PLC数据导出、运行报表-除臭系统-PLC数据导出、运行报表-沼气系统-PLC数据导出、渗沥液处理厂检验日报表。

渗沥液报表主要通过一台实时数据库服务器，用以读取WinCC内所有与生产过程相关的数据，实现对WinCC系统内的数据进行收集和长期存储，并为上级各种管理信息系统传输基础数据，从而对生产数据与管理数据进行整合。实时数据库的数据转储模块可将事件、报警及实时数据转储到第三方关系数据库，支持定时写、定量写、即时写，复杂逻辑可通过自定义脚本实现，并通过离线缓存功能，实现各类运行报表数据自动采集、报表自动生成功能，为各类日报表和月报表提供数据信息。此外日报表支持数据导入功能，可将部分人工记录数据一次性进行导入。

3-166 问："设备终端登录日志"界面有哪些内容？

答："设备终端登录日志"界面为查询日期内各设备终端登录明细报表，界面默认为当日作业数据，包括员工代码、员工姓名、工作类型、登录时间、班次、班次名称、设备号、终端识别号、当前设备状态、桥吊作业模式、出勤类型、退出时间。

3-167 问："集装箱周转率"界面有哪些内容？

答："集装箱周转率"界面显示查询时间段内各集装箱周转率，界面默认为一周内的周转数据。周转次数及周转率都以重箱使用为统计维度，即重箱运输一次为一次流转，周转率＝∑统计时段内重箱市区基地出发到回到市区基地的时间/统计时段内总时间。周转率可根据查询条件筛选集装箱的周转次数和周转率统计汇总，也可根据勾选的对应箱号显示其在统计时段内的流转记录，流转记录中包括箱号、出发日期、出发港、船号、到达港、到达日期。

3-168　问：**"生产消耗"界面有哪些内容？**

答："生产消耗"界面包括车船按时油耗查询、产线电耗按月峰平谷查询、车船月油耗预警、产线月电耗预警、车船月油耗预测设置、产线月电耗预测设置、产线电耗按日查询界面，具体内容如下。

① 车船按时油耗查询。通过此界面可对加油站点、车船号/船舶号、IC 卡编号、时间段进行自定义筛选查询，统计内容包括加油站点、IC 卡编号、车船号/船舶号、加油时间、油品、油量、单价、金额、备注。

② 产线电耗按月峰平谷查询。通过此界面可对产线名称、年月进行自定义筛选查询，统计内容包括产线名称、年月、峰值、平值、谷值。

③ 车船月油耗预警。通过此界面可对油耗设备类型（车或船）进行自定义筛选查询，统计内容包括油耗设备类型、当前月油耗值、预警值、是否预警。

④ 产线月电耗预警。通过此界面可对产线进行自定义筛选查询，统计内容包括产线名称、当前月电耗值、预警值、是否预警。

⑤ 车船月油耗预测设置。通过此界面可对油耗设备类型（车或船）进行自定义筛选查询，设置内容包括油耗设备类型、月油耗预测值、预警阈值、备注，可通过右上角功能键进行新增、编辑、删除。

⑥ 产线月电耗预测设置。通过此界面可对产线进行自定义筛选查询，设置内容包括产线名称、月电耗预测值、预警阈值、备注，可通过右上角功能键进行新增、编辑、删除。

⑦ 产线电耗按日查询。通过此界面可对产线、日期进行自定义筛选查询，统计内容包括产线号码、产线名称、日期、电耗。

3-169　问：**"生物能源再利用报表"界面有哪些内容？**

答："生物能源再利用报表"界面包括"生物能源再利用检验日报表"界面和"生物能源再利用报表查询"界面，具体内容如下。

① 生物能源再利用检验日报表。分为生物能源再利用检验日报表（一）、生物能源再利用检验日报表（二）、生物能源再利用检验日报表（三），可通过

报表选择、报表日期进行自定义筛选查询，通过左上方功能键"筛选导出"可对构筑物、取样点、筛选时间进行自定义筛选后进行表格导出，右上方功能键包括"导入""导出""发布""取消发布"，通过这些功能键可对各表格内的数据进行编辑。

② 生物能源再利用报表查询。可通过报表、状态、日期进行自定义筛选查询，表格内容包括报表、报表时间、状态、填报人、填报时间、审核人、审核时间。

3-170 问："消息及公告管理"界面有哪些内容？

答："消息及公告管理"界面可设置维护并发布公告，也可统计查询日期内已发布系统消息，界面功能如下。

① 手动维护公告。发布公告者需填写公告标题、类型、内容、展示平台，其中类型分为安全管理部、市场经营部和其他。"安全管理部"二级分类为封航信息、极端天气信息、突发事件、其他；"市场经营部"二级分类为业务信息、设备信息、资产信息、突发事件、其他；"其他"无二级分类。展示平台分为全部、老港业务大屏、微信小程序、老港中控室、虎林中控室、徐浦中控室。内容编辑完成后，先点击保存，再点击发布即可在对应平台进行播报，播报内容分别位于系统登录后"Welcome"界面中"通知公告"内、"老港大屏"界面中"重要通告"内、微信小程序内"消息预警"内进行展示。

② 系统消息。可通过关键字、类型、状态、日期进行自定义筛选查询，其中类型分为安全管理部、市场经营部和其他；"安全管理部"二级分类为封航信息、极端天气信息、突发事件、其他；"市场经营部"二级分类为业务信息、设备信息、资产信息、突发事件、其他；"其他"无二级分类。状态分为已发布、未发布、终止、失效。消息内容包括标题、类型、状态、发布时间、发布人、平台、操作，操作的功能为终止消息发布，权限仅为系统管理员可操作。

3-171 问："环境监测"界面有哪些内容？

答："环境监测"界面为老港基地内有组织排放口各类在线实时监测指标，当超过设定的国标值时可在设定的展示平台内进行报警，监测内容包括气味监测、排放水监测、烟气监测等。

3-172 问：企业微信管理小程序有哪些内容？

答：企业微信管理小程序分为总部、物流、老港三大板块，各板块根据管理需求设计开发了不同的功能，具体内容如下。

①总部。首页包括进场量、堆箱数、返箱（昨日）、末端处置，另有分布、作业、趋势、预警四个菜单栏。

②物流公司。首页包括业务量、装载量、集装箱分布，另有分布、作业、趋势、预警四个菜单栏。

③老港处置公司。首页包括在港总量、到港待作业、已作业、末端处置量、老港渗沥液处理厂昨日总量，另有分布、作业、趋势、预警四个菜单栏。

3-173 问：企业微信管理小程序-"老港"界面有哪些内容？

答：企业微信管理小程序-"老港"界面包括在港总量、到港待作业、已作业、末端处置量、老港渗沥液处理厂昨日总量，除老港渗沥液处理厂昨日总量外，其余统计数据均为当日实时数据，具体内容如下。

①在港总量。统计当日所有在港的重箱集装箱总数，包括船舶上待作业及堆场上重箱，主要计算逻辑如下。

a."船载"总量＝船舶管理菜单内"泊位计划"界面老港各码头已靠泊船只待作业重箱总数＋老港各码头未靠泊船只待作业重箱总数。

b."堆场"总量＝统计追溯菜单内"堆场作业履历"界面老港各码头场地堆箱重箱总数。

c."总量"＝"船载"总量＋"堆场"总量。

②到港待作业。统计当日已过电子围栏并生成泊位计划，待作业未靠泊的船只数及其重箱总数，主要计算逻辑如下。

a."到港待作业船舶数"＝船舶管理菜单内"泊位计划"界面老港各码头未靠泊船只总数。

b."到港待作业总量"＝船舶管理菜单内"泊位计划"界面老港各码头未靠泊船只待作业重箱总数。

③已作业。统计当日重箱总作业数量，包括船到车和场到车的总作业量，主要计算逻辑如下。

a."船到车作业量-船舶数"＝船舶管理菜单内"泊位计划"界面老港各码头已靠泊作业船只总数。

b."船到车作业量-作业量"＝统计追溯菜单内"桥吊作业履历"界面内老港各码重箱桥吊船到车的作业总数。

c."场到车作业量"＝统计追溯菜单内"桥吊作业履历"界面内老港各码重箱桥吊场到车的作业总数。

④ 末端处置量。统计所有集运及散装的生活垃圾、飞灰、污泥、分拣残渣和其他垃圾的处置总量，主要计算逻辑如下。

a.“集装-重量”＝老港各处置点称重系统内集卡车辆卸运垃圾总净重。

b.“集装-箱数”＝老港各处置点称重系统内集装箱卸运垃圾总箱数。

c.“散装-重量”＝老港各处置点称重系统内散装车辆卸运垃圾总净重。

⑤ 老港渗沥液处理厂昨日总量。统计昨日渗沥液处理厂进水量、处理量、排水量，此处所有数据取自渗沥液报表菜单内“渗沥液日报表生成”界面内数据。

3-174 问：企业微信管理小程序-“分布”页面有哪些内容？

答： 小程序-“分布”页面可通过筛选各类箱型进行自定义筛选，分别展示区局、物流公司、老港处置公司所有箱型集装箱数量的实时分布情况，具体内容如下。

① 区局。统计各区局集装箱总数，通过点击“区局”可查看其子菜单，以集装箱离开物流各码头时间为统计依据，分别展示了 1 天、2 天、3 天、4 天、5 天、6 天、7 天、7 天以上各区局集装箱流转滞留总箱数，另外还可查询区局集装箱作业明细，主要包括箱号、箱型、区局、离场日期、天数。

② 物流公司。统计物流公司各码头及在航集装箱总数，通过点击“物流公司”可查看其子菜单，可筛选虎林码头、徐浦码头、闵吴码头、在航及空箱、重箱进行自定义查找，汇总筛选集装箱总和数，也可查询物流公司集装箱作业明细，主要包括船号、箱号、箱型、贝位、行驶路径。

③ 老港处置。统计老港各码头集装箱总数，通过点击“老港处置”可查看其子菜单，可筛选老港东码头、老港北码头及空箱、重箱进行自定义查找，汇总筛选集装箱总和数。

④ “查找”功能键。点击“查找”功能键后输入需查询集装箱箱号，查找后显示该集装箱最近一次作业明细数据，包括外集卡转运、堆场、吊装、压箱、内集卡转运、处置等。

3-175 问：企业微信管理小程序-“作业”界面有哪些内容？

答： 企业微信管理小程序-“作业”界面包括末端处置、生物能源再利用、渗沥液处理、环境监测、码头作业、场地堆箱量、返箱情况、洗箱修箱、作业报表、物流公司装载量，界面默认为当日数据，如需查找其他时间段，可通过界面顶端日期进行自定义筛选，具体内容如下。

① 末端处置。统计老港各末端处置卸点总量、总车数、作业明细及趋势，

垃圾类型分为干垃圾、厨余垃圾、餐饮垃圾、污泥、飞灰、分拣残渣、其他垃圾，数据取自老港各末端处置卸点称重系统。

② 生物能源再利用。统计生物能源再利用中心厨余垃圾、餐饮垃圾处置总重量及处置产出物汇总量，产出物包括提油量、出渣量、沼气量、发电量，其中厨余垃圾、餐饮垃圾处置总重量、出渣量取自各卸点称重系统数据，提油量、沼气量、发电量取自生物能源再利用中心 PLC 系统内信息数据。

③ 渗沥液处理。统计昨日渗沥液处理厂进水量、处理量、排水量，此处所有数据均取自渗沥液报表菜单内"渗沥液日报表生成"界面的数据。点击"进水量""处理量""排水量"可查看老港渗沥液处理厂作业明细数据。

④ 环境监测。统计老港基地内有组织排放口各类在线实时监测指标，此处所有数据均取自"环境监测"及大屏展示菜单内各处置场界面内环境监测数据，超标时将显示红色进行预警。

⑤ 码头作业。统计老港各码头集装箱重箱作业、空箱作业情况，主要计算逻辑如下。

a."重箱作业-船舶"＝船舶管理菜单内"泊位计划"界面老港各码头重船已靠泊船只总数。

b."重箱作业-箱数"＝统计追溯菜单内"堆场作业履历"界面老港各码头船上车作业重箱总数＋老港各码头场上车作业重箱总数。

c."重箱作业-东码头"＝统计追溯菜单内"堆场作业履历"界面老港东码头船上车作业重箱总数＋老港东码头场上车作业重箱总数。

d."重箱作业-北码头"＝统计追溯菜单内"堆场作业履历"界面老港北码头船上车作业重箱总数＋老港北码头场上车作业重箱总数。

e."空箱作业-船舶"＝船舶管理菜单内"泊位计划"界面老港各码头空船已靠泊船只总数。

f."空箱作业-箱数"＝统计追溯菜单内"堆场作业履历"界面老港各码头车上船作业空箱总数＋老港各码头车上场作业空箱总数。

g."空箱作业-东码头"＝统计追溯菜单内"堆场作业履历"界面老港东码头车上船作业空箱总数＋老港东码头车上场作业空箱总数。

h."空箱作业-北码头"＝统计追溯菜单内"堆场作业履历"界面老港北码头车上船作业空箱总数＋老港北码头车上场作业空箱总数。

⑥ 场地堆箱量。统计老港各码头各箱型集装箱场地堆放情况，主要计算逻辑如下。

a.东码头各箱型重箱量＝统计追溯菜单内"堆场作业履历"界面老港东码

头场地堆箱各箱型重箱总数，箱型分为水平箱、兼容箱、厨余箱、餐饮箱。

b. 东码头各箱型空箱量＝统计追溯菜单内"堆场作业履历"界面老港东码头场地堆箱各箱型空箱总数，箱型分为水平箱、兼容箱、厨余箱、餐饮箱。

c. 北码头各箱型重箱量＝统计追溯菜单内"堆场作业履历"界面北港东码头场地堆箱各箱型重箱总数，箱型分为水平箱、兼容箱、厨余箱、餐饮箱。

d. 北码头各箱型空箱量＝统计追溯菜单内"堆场作业履历"界面北港东码头场地堆箱各箱型空箱总数，箱型分为水平箱、兼容箱、厨余箱、餐饮箱。

⑦ 返箱情况。统计老港各码头当日已装船且离港船只集装箱返箱情况，返箱情况分为虎林、徐浦、闵吴三个码头，界面默认为虎林码头，可按需进行自定义筛选，此处所有数据取自中控调度管理菜单"返箱履历"界面内统计数据，另外备注内统计了昨日上船今日离港集装箱数量及各箱型分布。

⑧ 洗箱修箱。统计老港 1# 码头当日已清洗、维修保养集装箱数量，其中清洗分为重洗和轻洗。重洗是指需要去集装箱清洗线进行更换作业的集装箱，轻洗是指不需要更换集装箱的清洗；维修保养数据取自报表管理菜单"正面吊作业履历"中好箱置入的信息数据。

⑨ 作业报表。同步报表管理菜单中"处置情况日报"和"运行情况日报"数据信息。

⑩ 物流公司装载量。统计徐浦、虎林、闵吴各码头作业集装箱数、总吨位和平均吨位。

3-176 问：企业微信管理小程序-"趋势"界面有哪些内容？

答：企业微信管理小程序-"趋势"界面统计末端处置总量以及生物能源再利用中心一期、生物能源再利用中心二期、再生能源利用中心一期、再生能源利用中心二期、综合填埋场、渗沥液处理厂、再生建材利用中心的末端各垃圾类型的处置量及汇总量，可按日、月进行图表查询，数据取自老港各末端处置卸点称重系统。

3-177 问：企业微信管理小程序-"预警"界面有哪些内容？

答：企业微信管理小程序-"预警"界面可查看各类已发布预警信息，点击"管理"功能键可以查看已发布、未发布、终止的预警内容，点击"维护"功能键可以编辑预警内容，需填写消息类型、标题、内容、查看权限，发布后将在企业微信小程序对应查看权限的首页顶端进行播报。

3.2.4　系统管理

3-178　问：系统基础数据维护有哪些内容？

答：系统基础数据维护包括组织部门管理、组织信息管理、部门人员关联为维护、人员数据维护、值集维护、岗位数据维护、计量单位维护、集装箱作业箱型、垃圾类型、集装箱适装垃圾、组织集卡适装垃圾，具体内容如下。

①"组织部门管理"界面。可通过右上角功能键进行查询、设置、修改、启用、停用各区县集压站的组织信息。

②"组织信息管理"界面。可通过右上角功能键进行查询、新增、修改、删除组织机构，主要内容包括代码、名称、状态、类型、开始日期、结束日期、组织机构代码、备注、创建时间、创建人、修改时间、修改人。

③"部门人员关联为维护"界面。可按部门、部门长、员工姓名进行自定义筛选查询，通过在"部门"表内选择部门名称及右上角功能键对其员工信息进行修改、删除，主要内容包括员工序号、员工代码、员工姓名、部门代码、是否是部门长。

④"人员数据维护"界面。可按员工代码、员工名称、用户状态、用户类型进行自定义筛选查询，也可通过右上角功能键进行新增、修改、删除用户资料明细，主要内容包括员工代码、员工名称、用户状态、用户类型、身份证号、用户邮箱、用户手机、组织代码、备注、创建时间、创建人、修改时间、修改人。

⑤"值集维护"界面。可按值集代码、值集名称进行自定义筛选查询，也可通过右上角功能键进行新增、修改、删除值集，主要内容值集代码、值集名称、描述。以值集名称为例，具体内容如下。

a.是/否：代码1代表"是"，代码2代表"否"。

b.到港要求：代码1代表"延误"，代码2代表"急靠"，代码3代表"正常航运"。

c.靠泊类型：代码1代表"靠泊"，代码2代表"移位"。

d.码头船舶头停靠方向：代码1代表"小号贝位"，代码2代表"大号贝位"。

e.船舶运行状态：代码10代表"正常"，代码20代表"故障"，代码25代表"维修"，代码30代表"保养"，代码40代表"停用"，代码50代表"报废"，代码100代表"封航"。

f.贝位状态：代码1代表"可用"，代码2代表"暂停使用"，代码3代表"废弃"。

g. 集装箱作业箱型：代码 01 代表"水平箱"，代码 02 代表"兼容箱"，代码 03 代表"厨余箱"，代码 04 代表"餐厨箱"。

h. 箱重类型：代码 1 代表"重箱"，代码 2 代表"空箱"。

i. 前/后车道行驶方向：代码 1 代表"小贝位向大贝位"，代码 2 代表"大贝位向小贝位"。

j. 获取集装箱重量类别对象：代码 1 代表"集压站"，代码 2 代表"处置点"。

k. 需求紧急程度：代码 C 代表"一般（四级）"，代码 B 代表"比较紧急（三级）"，代码 A 代表"非常紧急（二级）"，代码 S 代表"刻不容缓（一级）"。

l. 需求状态：代码 00 代表"作废"，代码 01 代表"新增"，代码 03 代表"待一线处理"，代码 05 代表"待二线处理"，代码 09 代表"挂起"，代码 10 代表"完成"。

m. 需求类型：代码 01 代表"计算机程序错误型"，代码 02 代表"功能型"，代码 03 代表"缺陷型"，代码 04 代表"咨询型"，代码 05 代表"优化型"，代码 09 代表"其他"。

n. 处置场类型：代码 1 代表"填埋场"，代码 2 代表"再生能源利用中心"，代码 3 代表"生物能源再利用中心"。

o. 集卡出/入口：代码 1 代表"前车道小贝位"，代码 2 代表"前车道大贝位"，代码 3 代表"后车道小贝位"，代码 4 代表"后车道大贝位"。

p. 异常触发对象类型：代码 00 代表"中控"，代码 10 代表"船舶"，代码 20 代表"码头"，代码 30 代表"进口闸机智能识别"，代码 35 代表"出口闸机智能识别"，代码 40 代表"桥吊 PLC"，代码 50 代表"桥吊智能识别"，代码 60 代表"桥吊终端"，代码 70 代表"集卡终端"，代码 80 代表"正面吊终端"，代码 90 代表"其他"。

q. 故障类型：代码 1 代表"终端故障"，代码 2 代表"数采硬件故障"，代码 3 代表"软件系统故障"，代码 4 代表"网络电力故障"，代码 5 代表"PLC 系统故障"，代码 6 代表"识别硬件故障"，代码 7 代表"识别系统故障"，代码 9 代表"其他"。

r. 前后车道：代码 1 代表"前车道"，代码 2 代表"后车道"。

s. 原点基准位置方向：代码 1 代表"屏幕上部"，代码 2 代表"屏幕下部"。

t. 码头车道偏向类型：代码 1 代表"海侧"，代码 2 代表"陆侧"。

⑥"岗位数据维护"界面。可按岗位名称、岗位状态、岗位类型、组织代码进行自定义筛选查询，也可通过右上角功能键进行新增、修改、删除，主要内容包括岗位代码、岗位名称、岗位状态、岗位类型、编号、员工代码、组织

代码、备注、创建时间、创建人、修改时间、修改人。

⑦"计量单位维护"界面。可按计量名称、符号、分类进行自定义筛选查询，也可通过右上角功能键进行新增、修改、删除。"计量单位"主要内容包括计量代码、计量名称、岗位状态、岗位类型、编号、员工代码、组织代码、符号、标识、分类、计算小数位数、显示小数位数、是否进位、进位值、是否分类基准单位、备注、创建时间、创建人、修改时间、修改人。"计量单位换算"主要内容包括原单位、基准数量、对应单位、换算数量、备注、创建时间、创建人、修改时间、修改人。

⑧"集装箱作业箱型"界面。可按箱型编号、箱型名称进行自定义筛选查询，也可通过右上角功能键进行新增、修改、删除。集装箱作业箱型分为水平箱、兼容箱、厨余箱、餐厨箱四类，主要内容包括箱型编号、箱型名称、重箱阈值、颜色、是否每次处置后清洗、洗箱装载间隔次数、保养箱间隔装载次数、备注、创建时间、创建人、修改时间、修改人。

⑨"垃圾类型"界面。可按垃圾类型编号、垃圾类型名称进行自定义筛选查询，也可通过右上角功能键进行新增、修改、删除。垃圾类型分为干垃圾、厨余垃圾、餐厨垃圾、粪渣、污泥、飞灰、分拣残渣其他垃圾，主要内容包括垃圾类型编号、垃圾类型名称、是否为湿垃圾、是否为餐厨垃圾、备注、创建时间、创建人、修改时间、修改人。

⑩"集箱适装垃圾"界面。可按箱型编号、箱型名称进行自定义筛选查询，主要内容包括箱型编号、箱型名称及其对应的垃圾类型编号、垃圾类型名称、是否默认缺省。

⑪"组织集卡适装垃圾"界面。通过选择组织机构代码、组织机构名称可查询对应的组织集卡车型、组织适装类型、集卡适装箱型。

3-179 问：设备维护有哪些内容？

答：设备维护包括正面吊/叉车、集卡表维护、船只相关信息维护、处置场维护、设备表维护、设备分类表维护、设备故障类别表维护、码头信息维护、堆场区域、集装箱维护，具体内容如下。

①"正面吊/叉车"界面。可按设备编号、车号、备注进行自定义筛选查询，主要内容包括设备编号、设备唯一标识号、车号、备注、创建时间、创建人、修改时间、修改人。

②"集卡表维护"界面。可按标识号、设备编号、集卡作业车型、行驶车牌号进行自定义筛选查询。"集卡基础信息"主要内容包括标识号、设备编号、

设备唯一标识号、集卡作业车型、行驶车牌号、智能识别系统车号、备注、创建时间、创建人、修改时间、修改人。通过选择"集卡基础信息"数据行可以设置集卡运输路线，可通过右上角功能键进行新增、修改、删除。"集卡运输路线"主要内容包括集卡标识号、线路、起点路经点、是否缺省、备注、创建时间、创建人、修改时间、修改人。

③"船只相关信息维护"界面。可按船号、贝位数进行自定义筛选查询。"船舶信息"主要内容包括船号、船宽、船深、航速、长度计量单位、贝位数、排数、层数、起点贝位、终点贝位、贝隔断数、近原点贝位方向、近原点左侧排号方向、作业占用贝位数、贝位长、贝位宽、船尾至近贝位距离、靠泊船舶基准贝位号、备注、创建时间、创建人、修改时间、修改人。通过选择"船舶信息"数据行可以设置船舶运输路线、船舶贝位、船舶隔断，均可通过右上角功能键进行新增、修改、删除。"船舶运输路线"主要内容包括起点路经点、航线线路、备注、创建时间、创建人、修改时间、修改人。"船舶贝位"主要内容包括列号、行号、层号、使用状态、贝位中心点距原点水平 x 轴距离、贝位中心点距原点水平 y 轴距离、缺省箱型对象、备注、创建时间、创建人、修改时间、修改人。"船舶隔断"主要内容包括起点贝位号、终点贝位号、间距、备注、创建时间、创建人、修改时间、修改人。

④"处置场维护"界面。可按处置场编号、处置场名称进行自定义筛选查询，也可通过右上角功能键进行新增、修改、删除。"处置场"主要内容包括设备、编号、名称、设计总量、最大量、湿垃圾最大量、是否湿垃圾自动配比、称重设备物理识别号、路径点、备注、创建时间、创建人、修改时间、修改人，通过选择"处置场"数据行可以设置处置场适装垃圾。"处置场适装垃圾"主要内容包括处置场、垃圾类型、总量占比、备注、创建时间、创建人、修改时间、修改人。

⑤"设备表维护"界面。可按设备编号、设备名称、设备类型进行自定义筛选查询，也可通过右上角功能键进行新增、修改、删除，主要内容包括设备编号、设备名称、资产编号、使用状态、名牌号、型号、规格、组织部门、责任部门代码、责任人工号、责任人电话、信息终端 MAC 地址（局域网地址）、信息终端 IP 地址、设备类型、备注、创建时间、创建人、修改时间、修改人。

⑥"设备分类表维护"界面。可按分类名称进行自定义筛选查询，也可通过右上角功能键进行新增、修改、删除，主要内容包括分类代码、分类名称、标准代码、标准说明、长度计量单位代码、重量计量单位代码、自重、载重量、载箱量、长（m）、宽（m）、高（m）、是否为集装箱、集装箱尺寸类别、集

装箱作业箱型、是否为集卡类、集卡作业车型、集卡车头长度、是否为船舶类、父类分类代码、保养周期（天）、备注、创建时间、创建人、修改时间、修改人。

⑦"设备故障类别表维护"界面。可按故障代码、故障名称进行自定义筛选查询，也可通过右上角功能键进行新增、修改、删除，主要内容包括设备、故障代码、故障名称、故障建议、故障概率、备注、创建时间、创建人、修改时间、修改人。

⑧"码头信息维护"界面。可按码头名称进行自定义筛选查询，也可通过右上角功能键进行新增、修改。"码头信息"主要内容包括码头名称、码头长度、码头长度计量单位、海侧宽度、海侧靠垫宽度、原点 GPS 经度、原点 GPS 纬度、原点基准位置方向、起点方向、终点方向、首贝位号、尾贝位号、隔断数量、近原点贝位方向、近原点第一个贝位外侧至原点距离、船头停靠方向、贝位长、贝位宽、贝位高、轨距、前车道海侧至海岸线距离、前车道宽度、后车道海侧至海岸线距离、后车道宽度、集卡入口、集卡出口、是否为前后车道连贯模式、前车道行驶方向、后车道行驶方向、船舶靠泊作业间隔安全贝位数、多档停靠数、单位时间卸箱量、单位时间处置量、路径点代码、路径点名称、是否需要中控室再确认、调度模式、备注。通过选择"码头信息"数据行可以设置码头隔断、码头贝位、码头车道、码头道闸、码头作业类型顺序、码头对应垃圾类型，以上内容均可通过对应表格右上角功能键进行新增、修改、删除。其中"码头隔断"主要内容包括码头名称、起点贝位号、终点贝位号、间距、备注；"码头贝位"主要内容包括码头名称、贝位号、贝位号中心点距原点水平 x 轴距离、贝位中心点距原点水平 y 轴距离、备注；"码头车道"主要内容包括码头名称、编号、偏向类别、前后车道、备注；"码头道闸"主要内容包括码头名称、编号、名称、进出类型、智能图像识别号、集装箱重量类别、智能图像识别路径点代码、智能图像识别路径点名称、备注；"码头作业类型顺序"主要内容包括码头名称、作业类型代码、备注；"码头对应垃圾类型"主要内容包括码头名称、垃圾类型代码、垃圾类型名称、备注。

⑨"堆场区域"界面。可按所属码头、堆场类型、布局方式进行自定义筛选查询，也可通过右上角功能键进行新增、修改、删除。"堆场区域"主要内容包括设备、所属码头、堆场类型、堆场长度计量代码、布局方式、原点 GPS 经度、原点 GPS 纬度、原点基准位置方向、外侧宽度、起点方向、终点方向、首贝位号、尾贝位号、贝位排数、贝位隔断数量、排隔断数量、近原点贝位方向、近原点排号方向、贝位中心点距原点水平 x 轴距离、贝位中心点距原点水平 y 轴距离、限高层数、贝位长、贝位宽、前车道近侧距原点水平 x

轴距离、前车道近侧距原点水平 y 轴距离、前车道长度、前车道宽度、后车道近侧距原点水平 x 轴距离、后车道近侧距原点水平 y 轴距离、后车道长度、后车道宽度、是否前后车道连贯模式、集卡入口、集卡出口、前路、后路、备注、创建时间、创建人、修改时间、修改人。通过选择"堆场区域"数据行可以设置堆场隔断、堆场贝位位置，以上内容均可通过对应表格右上角功能键进行新增、修改、删除。其中"堆场隔断"主要内容包括堆场编号、隔断类别、起点号、终点号、间距、组织代码、备注、创建时间、创建人、修改时间、修改人；"堆场贝位位置"主要内容包括堆场编号、贝位行号、贝位列号、贝位层号、载重类型、缺省箱型、只用状态、贝位中心点距原点水平 x 轴距离、贝位中心点距原点水平 y 轴距离、贝位中心点距原点水平 z 轴距离、备注、创建时间、创建人、修改时间、修改人。

⑩"集箱维护"界面。可按箱号、箱型进行自定义筛选查询，也可通过右上角功能键进行查询、导出、新增、导入，主要内容包括箱号、箱型、标准原箱号、智能图像识别箱号、创建时间、创建人、修改时间、修改人。

3-180 问：线路维护有哪些内容？

答：线路维护包括线路管理和船期路径管理，具体内容如下。

①"线路管理"界面。可按线路代码、线路名称、线路类型进行自定义筛选查询，也可通过右上角功能键进行新增、删除。"线路"主要内容包括线路代码、线路名称、线路类型、所属组织代码、终点对应组织、缺省标记、备注、创建时间、创建人、修改时间、修改人。通过选择"线路"数据行可以设置线路路径点，也可通过对应表格右上角功能键进行新增、删除及事件查询。"线路路径点"主要内容包括路径点代码、路径点名称、上级路径点代码、上级路径点名称、备注、创建时间、创建人、修改时间、修改人，另外线路"事件"查询主要内容包括线路路径点、触发先后顺序、事件类型、触发实现类、本事件针对处理的主对象、事件名称、事件描述。

②"船期路径管理"界面。可按路径点、GPS 起始时间、GPS 结束时间、是否为人工、船期号进行自定义筛选查询，也可通过右上角功能键进行新增、删除，主要内容包括路径点、GPS 经度、GPS 纬度、GPS 经过日期、是否为人工、船期号、备注、创建时间、创建人、修改时间、修改人。

3-181 问：车辆管理有哪些内容？

答：车辆管理包括老港车辆轨迹跟踪、外集卡 APP、码头非作业车辆维护，具体内容如下。

①"车辆轨迹跟踪"界面。展示老港作业集卡车辆实时点位信息，可按集卡车牌号进行自定义筛选查询车辆作业轨迹。

②"外集卡 APP"界面。同步安卓手机 APP 功能，通过输入车牌号、手机号、密码进行登录，登录后可提供外集卡在老港基地内到各处置点对应进、出线路图。

③"码头非作业车辆维护"。可按基地、车牌号进行自定义筛选查询，也可通过右上角功能键进行重置、新增、编辑、删除、保存，主要内容包括组织机构、驾驶人、行驶车牌号、车辆用途说明、备注、创建时间，其功能为码头出、入口智能识别系统排除非作业车辆提供依据。

3-182　问：外部接口有哪些内容？

答：外部接口包括桥吊 PLC、桥吊和道口 ICR、渗沥液大屏数据手工录入、再生能源利用中心二期大屏数据手工录入、填埋场产生数据录入、填埋场测量数据录入、填埋场测量数据维护，具体内容如下。

①"桥吊 PLC"界面。可按作业日期开始时间、作业日期结束时间、作业类型、重量开关量、处置标志、桥吊、船号、集卡号、箱号、泊位计划号、PLC 跟踪 ID、作业方式进行自定义筛选查询，主要内容包括桥吊、IP 地址、作业日期时间、作业类型、x 值、y 值、z 值、重量、读取时间、重量开关量、处置标志、作业方式、船号、集卡号、箱号、堆场、位置、PLC 跟踪 ID。

②"桥吊和道口 ICR"界面。可按基地、码头、日志类型、集装箱号、集卡车号、处置标志、对象名称、作业日期时间进行自定义筛选查询，主要内容包括对象名称、日志类型、IP 地址、作业日期时间、集装箱箱号、集卡车号、读取时间、处置标志、集箱照片、集卡照片。其中点击"集箱照片""集卡照片"可以查看 ICR 系统的对应识别图片，这是人工修改 ICR 系统识别异常的主要依据；"集箱照片"在桥吊作业处可查看 3 张照片，分别为集装箱前箱号、集装箱后箱号、集装箱侧箱号，在出入道口作业处可查看集装箱前箱号照片；"集卡照片"在桥吊作业处可查看集卡车辆车顶号照片，在出入道口作业处可查看集卡车牌号照片。通过勾选界面左上角"仅作业车辆"功能键，将去除在"码头非作业车辆维护"界面已登记车辆的过车记录，可筛选出集卡车辆作业信息与未在"码头非作业车辆维护"界面登记的车辆过车记录；界面右上角有"导出"功能键，可对自定义筛选内容进行导出，可用于统计 ICR 系统识别异常情况。

③"渗沥液大屏数据手工录入"界面。可按系统、可视化监控量、取样开

始时间、取样结束时间进行自定义筛选查询，也可通过右上角功能键进行新增、修改、瞬时数据导入、累计数据导入。"渗沥液大屏数据手工录入"界面主要内容包括系统、系统编码、可视化监控量、监测数据编码、创建时间、当前表值、前次表值、增量、取样时间、取样人员、测量时间、测量人员、创建人员、修改时间、修改人员。"渗沥液录入模板下载"界面可提供瞬时模板下载和累计模板下载。

④"焚烧厂二期大屏数据手工录入"界面。可按日期进行自定义筛选查询，通过右上角"编辑"功能键对锅炉燃烧系统指标、发电指标、每日产出进行编辑。

⑤"填埋场产生数据录入"界面。可按填埋区、处置日期时间段进行自定义筛选查询，也可通过右上角功能键进行重置、新增、编辑、删除、保存、发布、取消发布，主要内容包括填埋区、处置日期、生活垃圾（t）、污泥（t）、飞灰（t）、渗沥液（m^3）、状态、录入人、录入时间、发布人、发布时间。

⑥"填埋场测量数据录入"界面。可按填埋区、分区、测量日期时间段进行自定义筛选查询，也可通过右上角功能键进行重置、新增、编辑、删除、保存、发布、取消发布，主要内容包括填埋区、分区、测量日期、总容量（m^3）、总吨位（t）、增加重量（t）、累计容量（万立方米）、压实密度（t/m^3）、高度（m）、状态、录入人、录入时间、发布人、发布时间。

⑦"填埋场测量数据维护"界面。可通过右上角功能键进行重置、编辑、保存，主要内容包括填埋区、分区、测量日期、已用库容（万立方米）、状态、录入人、录入时间、发布人、发布时间。

3-183 问：系统权限管理有哪些内容？

答：系统权限管理包括员工登录管理、组织机构维护、角色维护、角色成员维护、权限维护、按钮权限维护、员工指定组织机构，具体内容如下。

①"员工登录管理"界面。可按用户代码、用户名、状态进行自定义筛选查询，也可通过右上角功能键进行新增、修改、删除、启用、停用、重置密码、员工指定公司、复制权限、导出 Excel，主要内容包括用户代码、用户名、状态、是否统一认证。

②"组织机构维护"界面。根据登录账号信息在账套列表内显示对应基地，界面内容分为账套信息和账套管理员。其中"账套信息"可通过右上角功能键进行开通管理账号、启用、停用，主要内容包括所属集团、账套名称、类型、账套描述、上级账套、状态、备注、联系人、联系人电话；"账套管理员"可通过右上角功能键进行删除，主要内容包括账套名称、用户名。

③"角色维护"界面。可通过左上方功能键进行添加、删除、修改，主要内容包括角色名、描述。

④"角色成员维护"界面。可按角色名称进行自定义筛选查询，也可通过右上方功能键进行查询、重置，其中"信息维护"主要内容包括角色名、描述，在"信息维护"列表内选中对应行后，在右侧将显示明细信息列表，可查询用户代码、用户名称、性别、手机号。

⑤"权限维护"界面。可通过右上方功能键进行保存、刷新缓存、自动勾选子节点，主要内容包括角色名、描述，在列表内选中对应行后，在右侧将显示系统菜单明细列表，可修改对应账号界面打开的权限。

⑥"按钮权限维护"界面。可通过右上方功能键进行保存、刷新缓存，主要内容包括角色名、描述，在列表内选中对应行后，在右侧将显示系统菜单明细列表，可修改对应账号界面按钮的操作权限。

⑦"员工指定组织机构"界面。可按用户代码、用户名进行自定义筛选查询，也可通过右上角功能键进行保存、导出 Excel，主要内容包括用户代码、用户名、账套名称、账套描述。

3.3　基于系统运营功能优化

3-184　问：全功能集卡车辆是如何优化的？

答：① 背景。垃圾分类前集装箱类型仅分为水平箱和兼容箱，装载垃圾类型为生活垃圾，末端处置场称重系统采用在集卡车辆上安装 IC 卡，通过读取 IC 卡信息获取车号，同时匹配垃圾类型为生活垃圾。当时集卡车辆根据末端处置场卸料、洗箱等作业规范要求具有三种开门角度功能，分别为 270°、105°、90°，但 270°和 105°受到车辆硬件限制，切换时还需拆装拉杆保护装置，且拆装过程相对麻烦，不能实现快速操作，导致无法同时启用，故当时集卡车辆分配处置点时根据当日作业计划，通过管理经验对各处置场分派固定车辆进行作业。在《上海市生活垃圾管理条例》颁布后，生活垃圾开启了分类转运处置的时代，伴随着上海市生活垃圾分类运输处置管理控制系统的建成及应用，之前点对点固定车作业模式则显得较为被动，经常发生车等箱或箱等车的状态，故对集运车辆优化改造，使其能全面兼容各卸点的卸料方式变得紧迫且必需。

② 优化改造。通过设计新的锁定机构代替拉杆装置，同时提高集卡安全性和机构的可靠性，集卡驾驶员可在驾驶室内快速设定开门角度，新设计中开

门角度分为 270° 和 95° 两种，可兼容各末端处置场卸料和洗箱等作业要求。随着全功能集卡车辆优化改造的完成，系统对重箱及卸点指令同步迭代升级，不再受固定车影响，所有集卡可装载所有类型集装箱，大大提高了生产效率。随着全功能集卡车辆的推进，各处置点称重系统也由传统一卡一车模式升级到智能图像识别系统，通过对地磅处集卡车号和所载集装箱箱号识别，自动匹配生成各类数据报表。

③ 优化效果。集卡全能车的改造将作业模式直接从点对点升级到点对面，提升了作业环节的灵活性和机动性。经测量，改造前一周集卡单箱作业时间平均 20.35min/箱，改造后一周平均 19.85min/箱，以两班制作业进行计算，若不考虑卸点拥堵等异常情况，日班出勤集卡车辆 20 辆、中班出勤集卡 15 辆，每班集卡作业约 20 箱，则每班每车次可节约约 10min。全能车的应用有效提高了集卡作业单元的工作效率，且在应急等特殊情况下，使生产调度更灵活、可靠。

3-185 问：全能车后指令如何优化？

答： ① 背景。同上述问题背景，固定卸点集卡车辆作业时，由于多处置卸点作业，难以有效测量集卡达到码头作业时间，导致对集卡的重箱桥吊分配具有太高的复杂性，无法在短时间内计算出结果，并且严重依赖各桥吊的预分配集卡排队队列，只要一个集卡未按照预分配行驶指令系统将产生混乱，容错能力差。但卸点指令较为简单，在码头出口道闸处识别到车号后仅需发送对应的固定卸点进行分派即可，此卸点指令单一且不灵活，无法根据实时卸点拥堵情况进行有效的分配及调整。

② 优化改造。为了提高容错性能，在重箱指令的优化过程中，因实现了所有集卡车辆可装载所有类型集装箱，无需对集卡强制性指定作业桥吊进行作业，所以除餐饮箱动态呼叫的情况以外，其他集卡车辆将发布提示性作业指令，如"今日重箱作业×号桥吊、×号桥吊"，由集卡车辆驾驶员自行判断桥吊进行重箱作业；仅在动态呼叫开启时桥吊需从陆侧起吊作业时才发布餐饮箱动态呼叫指令，为了防止两台桥吊同时呼叫导致多装的情况，设计逻辑中一次仅允许一个桥吊开启动态呼叫作业；在动态呼叫未开启时，通知所有空集卡，该重箱桥吊需要跨车道作业提示指令。卸点指令优化则根据码头出口道闸获取集卡实装垃圾类型动态决定处置场路线，通过设置动态呼叫、卸点处置场参数，根据各处置场箱型定义及最大进入集卡车辆数进行灵活分配。

③ 优化效果。重箱指令从原精准指令优化为动态指令，提高了集卡车辆作业的机动性和容错能力；卸点指令从原固定处置场到按需调度，拥有了防堵

机制和托底保障功能，特别在高产或应急情况下，为复杂和高频率的作业提供有效调度，降低了现场人工作业强度。

3-186 问：**道闸处智能识别软件方面如何优化？**

答：① 背景。智能识别系统通过高清摄像机设备的实时视频流信息经过系统处理获取关键作业信息，每组智能识别结果数据包含两方面内容：集装箱箱号和集卡车号。主要通过安装在桥吊、道闸机不同位置的摄像机，实时获取集装箱 3 个面箱号和集卡前车牌或车顶号的视频信息，但在视频流识别过程中易受环境等因素影响导致识别率异常，如下雨天，雨珠附着在摄像机镜头前导致识别图片模糊，夜间也会因雨水反光导致识别异常，故系统标准识别率大于98％。通过对桥吊及出入口道闸识别率进行对比，桥吊处识别正确率可高达99.6％，大大高于出入口道闸，主要原因为桥吊处识别触发是由吊具开闭锁或吊具高度进行触发，此时集卡处于相对静止状态，待集装箱装卸完成后，集卡才缓慢驶离。而道闸处识别是集卡在出入口行驶过程中进行动态识别，且光照环境配置不如桥吊处，桥吊采用的是本身照明，而道闸处周围夜间灯光弱，通过装设补光灯提高光照度，但整体光照不如桥吊，导致夜间在道闸处的识别率达不到标准值。出入口道闸识别数据是发布卸点指令和空箱指令的重要依据，所以道闸处识别率是建立精准调度的重要基础。

② 优化改造。一辆集卡单箱作业周转将经过 4 处识别点位，分别为重箱桥吊处识别集卡车顶号和重集装箱箱号、码头出口道闸处识别集卡前车牌和重集装箱箱号（识别后系统发布卸点指令）、码头入口道闸处识别集卡前车牌和空集装箱箱号（识别后系统发布空箱指令）、空箱桥吊处识别集卡车顶号和空集装箱箱号（识别后系统发布动态呼叫重箱指令），在集卡单圈流转中对每组异常数据通过互相逻辑补偿，形成正确的数据组服务于后台指令的智慧应用。补偿机制主要通过应用高识别率的数据补偿低识别率的环节，识别异常通常分为三种：一是集装箱箱号识别异常、集卡车号识别正确；二是集装箱箱号识别正确、集卡车号识别异常；三是集装箱箱号、集卡车号均识别异常。在正常情况下，按标准识别率98％计算，三种异常均未识别发生的概率为4‰，在实际应用中也较少发生，所以在第一、二种异常发生的情况下，可以将桥吊处识别结果数据通过补偿到出入口道闸处识别。在优化过程中，发现除了以上三种异常情况外，还会发生系统无法判断给出异常提示的识别异常，如集装箱箱号0001，当识别为0002时，系统内都有这 2 个箱号，这时系统将给出 0002 号箱的识别结果且认为是正确的。在遇到这种情况时，经过大量数据分析，桥吊误

识别率低于出入口道闸处，故还是将桥吊处识别结果数据强制复制给出入口道闸处识别结果，以此降低异常识别率，提高指令发送率。

③ 优化效果。补偿机制在智能识别系统中的应用，降低了人工异常处理的工作量，提高了系统高效稳定运营的能力。在发生识别异常导致无法生成作业指令的情况下，人工辅助每次需耗时 30～45s 进行补发紧急指令，按一天作业 600 箱、98％标准识别率来计算，集卡出入口将产生 24 条数据无法生成指令，通过中控人工辅助需要耗时总计 12～18min，开启补偿机制后，可降低人工辅助耗时 9～14min，有效提高了生产效率。

3-187 问：道闸处智能识别硬件方面如何优化？

答：① 背景。同上述问题背景，出入口道闸处智能识别异常率较高，直接影响指令发布。另外道闸处智能识别也存在另一缺陷，在最初设计出入口道闸处识别集装箱 3 面箱号摄像机安装在同一立杆上，识别系统需完全获取集装箱 3 个面的箱号后才能发布指令，导致集卡作业时要缓慢行驶，直至后箱号读取完成后识别系统才开始计算，待计算完成后才发布给系统识别结果数据，系统还将根据实际情况计算指令逻辑，在这样的情况下，往往导致指令发布延迟，集卡需在出入口处等待接收指令。

② 优化改造。桥吊处识别摄像机安装于桥吊各大梁处，可同时对 3 面箱号进行识别，缩短了识别过程时间，且 3 面同时识别还可有效提高识别率，故在出入口道闸处识别优化过程中采用了桥吊处模式，增加一根立杆，将后箱号、侧箱号摄像机移至新立杆处，新立杆位于原立杆后方稍大于一个车位处，通过改造实现了道闸处集装箱 3 面箱号同时识别，提高了智能识别系统识别处理时间。

③ 优化效果。通过提升智能识别系统处理时间，提升了指令发布效率，减少了集卡车辆在出入口道闸处等待时间，提高了生产效率。

3-188 问：视频识别分杆安装后集卡车辆作业规范如何调整？

答：（1）背景

同上述问题背景，在视频识别摄像机分杆安装后，通过分析识别异常原因，经数据对比，超过 50％以上识别异常原因为集卡停车不规范导致，原集卡道闸处作业规范已不适用改造后的作业模式，故编制《老港码头出入道闸集卡行驶规范》。

（2）优化改造

此规范设定了停车开锁区域、识别区域及等待指令区域，以识别区域为基准，并在入口识别区域标记"×"，即为集卡禁停区域，在未到识别区域前为停车开锁区域，驶过闸机后约一个车位处为等待指令区域，集卡车辆入口处分为以上 3 个区域，但集卡车辆出口处仅有识别区域。主要作业规范如下。

① 集卡车辆入口道闸作业规范

a. 当前车未驶离等待指令区域时，集卡驾驶员需排队耐心等待。

b. 当前车驶离等待指令区域时，后车在停车开锁区域内进行停车，并打开解锁键，等待蓝牙闸机抬杆。

c. 集卡在识别区域可能发生以下情况，具体操作如下。

• 待蓝牙闸机抬杆后，缓慢驶入识别区域，车速必须低于 10km/h，另外车辆禁止在识别区域内停车或倒车。

• 若闸机未抬杆，驾驶员可人工调整车内蓝牙发射器，使其抬杆后再驶入识别区域。

• 若调整蓝牙发射器闸机仍未抬杆，此时可能为蓝牙发射器信号弱导致，可低速缓慢驶入识别区域，若闸机抬杆则可正常进行作业，待作业完成后可检查蓝牙发射器内电池用量情况，若不足需及时进行更换。

• 若驶入识别区域闸机也未抬起，此时集卡只能在禁停区域内停车，集卡驾驶员需马上向集卡管理人员及中控室反馈故障，由中控人员通知桥边或维修人员，紧急处理闸机抬杆问题。抬杆后由中控室查询系统指令情况，若未生成或由于停留时间过长多生成指令时，由中控室发布紧急指令。

d. 集卡车辆完成识别后在等待指令区域内等待接收指令，集卡驾驶员接收到指令确认无误后可离开此区域进行卸箱作业，若未接收到指令需通知中控室发布紧急指令。

② 集卡车辆出口道闸作业规范

a. 当前车未驶离识别区域时，集卡驾驶员需排队耐心等待。

b. 当前车驶离识别区域时，后车可缓慢驶入识别区域，车速必须低于10km/h，另外车辆禁在识别区域内停车或倒车。

c. 由于出口道闸离卸点有一定距离，故未收到指令无需马上停车等待，集卡驾驶员可先沿路行驶，在分叉路口未收到指令时再呼叫中控进行确认，中控室可查询卸点指令，通知集卡驾驶员或重新发布紧急指令。

（3）优化效果

通过规范集卡驾驶员作业规范，提升了集卡车辆在出入口的作业规范，以此提高识别率，降低人工紧急处理的工作量。

3-189 问：集装箱清洗线上线后补偿如何调整？

答：① 背景。集装箱清洗线为后期建设完成，随着集装箱清洗线的投入，需在清洗线上将脏污箱进行更换清洗。集装箱的更换导致原有的生产作业流程发生了改变，在一个转运周期内集卡车号和集装箱箱号不再是固定不变的，所以换箱后原有车牌及箱号补偿则无法继续使用。

② 优化改造。关闭补偿码头入口识别逻辑，使用入口智能识别结果数据进行指令发布，但码头出口识别补偿逻辑并不受集装箱清洗线影响，故将其进行保留。

③ 优化效果。可准确发布码头入口指令。

3-190 问：老港基地配箱调度界面如何开发的？

答：① 背景。老港基地配箱调度开发原因是基于老港返箱失衡引起的，而集装箱返箱失衡则存在着客观原因，比如在多品类集装箱流转过程中，前端三个码头对集装箱箱型的需求各不相同，集装箱各箱型分布统计数据如表 3-13 所列（样本数据采用 2021 年 1 月 1 日～3 月 31 日日平均数）。由表 3-13 内数据可得，物流各来港重箱箱型分布与总集装箱箱型分布比例不同，由于船舶到达老港后为统一按顺序进行作业，船舶混合作业后此时返箱比例将接近于总集装箱箱型占比，故空箱返箱比例与来港比例必定存在偏差。若一般来港箱型比例高于总集装箱箱型分布比例，则返箱箱型就会低于来港量，若低于则相反，导致集装箱无法精确满足各码头的返箱需求，长期的小额偏差在无法有效调整的情况下，误差数将不断累加，严重情况下会导致由于某种箱型缺失而导致前端港口码头无法正常作业。

表 3-13　集装箱各箱型分布统计数据　　　　单位：%

项目		水平箱	兼容箱	厨余箱	餐饮箱
总集装箱箱型占比		63.53	7.99	20.68	7.80
徐浦	来港箱型占比	71.23	2.57	17.51	8.69
	返箱箱型占比	69.32	3.09	18.65	8.94
闵吴	来港箱型占比	81.09	0	18.57	0.34
	返箱箱型占比	78.59	0.32	20.66	0.44
虎林	来港箱型占比	60.77	9.64	21.87	7.73
	返箱箱型占比	62.83	9.16	20.38	7.64

② 优化改造。返箱配比调度的目标是控制各市区基地的箱型投入产出日

总量平衡，将利用全程数据信息的快速共享、提前规划，对老港基地作业空箱船舶装箱进行有目的的调度。如中控室随时能在系统各界面上获知各基地未满足的箱型返箱数量及实时作业信息，然后根据需求原则，基于各基地适用箱型的约束前提下设计自定义返箱配比，开启此返箱控制功能后系统将自动计算发布对应指令，按箱型集中进行返箱。一般开启返箱控制方案时，空箱靠泊船舶建议是不同码头的，如虎林码头对厨余箱的需求比最高，当空船处停靠 1 艘虎林船舶、1 艘非虎林船舶进行装箱作业时，此时经查询重箱处靠泊船只的厨余箱较多，可通过设定返箱控制方案，将空船处非虎林船舶的厨余箱需求设为 0，系统将分配所有厨余箱至虎林船舶作业。若重箱处靠泊船只的厨余箱占比大于 40％，说明此时有大量厨余箱将进行作业，也可在返箱控制方案中将虎林水平箱需求设为 0，其余码头厨余箱需求设为 0，此时虎林船舶可集中装载厨余箱。当重箱处船舶移泊时，可根据后续靠泊船只集装箱各箱型装载分布情况重新进行计算，若仍满足条件，可继续开启返箱控制，若不满足则关闭，空箱处虎林船只离泊时可按后续空箱船舶实际返箱需求进行开、关返箱控制方案。

③ 优化效果。老港基地配箱调度灵活性能强，以人机交互的模式有目性地进行返箱控制，可提前设定各种作业情形下的控制方案，在满足条件时可一键开启或关闭，在多目标、多约束中平衡选择，有效调节市区基地箱型失衡的问题。

3-191　问：集装箱维修流转闭环管理是如何优化的？

答：① 背景。系统内可通过集装箱流转跟踪查询集装箱作业流程，但系统内缺少对集装箱使用状态的统计，在应用界面难以查询到已报修坏箱、漏箱的具体情况及相关信息，仅在关键点位识别后才可获取坏箱指令，无法满足实际管理需求。

② 优化改造。在统计追溯菜单内新增"集装箱坏箱/漏箱维修闭环记录"，可通过对集装箱箱号、船号、日期时间段、出发港、目的港、基地标记进行自定义筛选查询，主要内容包括基地标记、箱号、标记人、填报时间、故障类型、出发时间、船号、到达日期时间、挑选作业指令时间、坏箱移除时间、好箱置入时间、离港状态、离港船号。

③ 优化效果。在"集装箱坏箱/漏箱维修闭环记录"界面可查询各基地每日在系统内的标记，报告坏箱、漏箱数量，以及对应集装箱流转记录，方便查询故障箱具体作业情况，为故障原因分析提供有效依据，实现对集装箱维修流转的闭环管理。

3-192 问：新增处置场是如何优化的？

答：① 背景。随着老港处置公司业务的扩展，生物能源再利用中心二期项目期建设完成后，主要处置厨余垃圾和餐饮垃圾，现有系统对此类垃圾处置提供动态呼叫指令的功能，主要作业方式如下：系统内设定动态处置呼叫参数并进行呼叫，系统依据设置的箱型、箱数等参数按指令模型计算，并下发指令到车载、桥吊终端，由集卡驾驶员按指令前往对应处置场进行卸料，从而避免人工调度指挥，提高工作效率。而动态呼叫模式仅支持生物能源再利用中心一期和应急处置场，不支持新增处置场。

② 优化改造。在一期系统架构的基础上增加处置场配置，升级系统架构，使全流程信息数据与生产运营的高效融合，实现对二期处置场指令的覆盖和产量数据的统计。数据流程的逻辑与一期基本一致，集卡车辆经过出口道闸，出口 ICR 系统识别车、箱号后由接口发送至系统，注册到 MQ（消息队列）服务，进入 MQ，处理后进入 REDIS（远程字典服务）缓存，后台程序获取处置场参数配置，系统对处置记录进行计算，计算后记录处置记录，同时触发处置记录的调度逻辑，处置调度计算出集卡车辆优先前往的处置场后，将动态处置呼叫指令结果下发到集卡终端，集卡终端接收到指令后，根据指令前往指定处置场。与一期区别在于增加了二期处置场和数据处理逻辑。生物能源再利用中心二期优化改造内容如表 3-14 所示。

表 3-14   生物能源再利用中心二期优化改造内容

功能分类	功能名称	简介
主系统	新增处置场	新增处置场，相关处置场表、设施表、处置场垃圾类型表等改造
	处置能力配置	处置能力配置，以及对应处置场关系配置
	连续车数配置	连续车数配置，以及对应处置场关系配置
	连续箱型配置	连续箱型配置，以及对应处置场关系配置
	总体逻辑验证	总体逻辑验证
	报表修改	处置情况日报、运行情况日报、处置履历
	处置履历表触发器修改	出口触发逻辑修改，处置履历记录，指令触发、计算
指令程序	程序修改	处置场参数、重箱桥吊集卡指令、出口道闸集卡指令、生物能源处理作业记录、相关的后台逻辑修改
企业微信公众号	公众号小程序修改	总部视角：首页-老港处置、作业-生物能源、趋势-末端处置、趋势-生物能源 物流视角：作业-老港各末端处置卸点情况 老港视角：首页-末端处置量、作业-生物能源、趋势-末端处置、趋势-生物能源

③ 优化效果。完成生物能源再利用中心二期各界面内容新增，但动态处

置呼叫功能上仅实现了系统最基础应用需求，未实现同种箱型的多个处置场按优先级规则分配指令的功能，同种箱型仅支持单个处置场动态呼叫，且不能对同种箱型预设待呼叫参数，增加了人工系统操作的次数。

3-193 问：码头扩建是如何优化的？

答：① 背景。随着老港处置公司业务的扩展，老港东码头由原有5台桥吊新增至7台桥吊，码头堆场扩容后新增2台桥吊的信息化覆盖需要进行配套改造。

② 优化改造。主要内容包括重新划定堆场贝位、配套信息化改造，对堆场、桥吊重新建模、软件设计及开发、硬件设计及安装、配套实施工作等。新增2台桥吊的作业流程与系统内基本一致，区别在于增加了2个桥吊作业点，桥吊作业时通过智能识别系统获取车号、箱号，通过接口发送至主系统，注册到MQ服务，进入MQ队列，处理后消费进入REDIS缓存，基于码头贝位模型计算贝位位置，记录作业实绩，并通过生产调度指令算法动态呼叫发布指令，所有的数据变动都可在三维码头上展示，并产生相应的作业统计报表。码头扩建优化改造内容如表3-15所列。

表3-15 码头扩建优化改造内容

功能大类	功能分类	功能名称	说明
软件	基础信息初始化	桥吊表初始化	桥吊表增加2台桥吊
		设备表初始化	设备表增加2台桥吊
		4G卡绑定激活	增加2台桥吊终端4G卡绑定激活
	PLC接收处理	PLC接收接口新增	新增2台桥吊PLC接收接口
		PLC接收处理逻辑修改	PLC数据处理逻辑修改，MQ、REDIS新增
		桥吊PLC新增	桥吊PLC画面里增加2台桥吊
	ICR接收处理	ICR接收接口新增	新增2台桥吊的车、箱ICR接收接口
		ICR接收处理逻辑修改	ICR接收处理逻辑修改，MQ、REDIS新增
		桥吊、道口ICR修改	桥吊、道口ICR增加2台桥吊
	三维码头建模	老港东码头堆场贝位重新绘制	老港东码头堆场贝位现场测绘，及重新绘制
		老港东码头新增2台桥吊绘制	新增2台桥吊的三维动画绘制
		老港东码头桥吊作业统计修改	工具条上涉及的桥吊条件查询、桥吊作业统计修改
		三维码头动画数据接口	提供给三维码头动画数据接口，堆场扩建及新增2台桥吊涉及的三维码头动画

续表

功能大类	功能分类	功能名称	说明
软件	码头贝位建模	码头贝位现场测绘	码头长度、码头贝位重新测量
		码头表初始化	码头长度、码头贝位重新测量及模型数据初始化
		码头贝位距离表初始化	码头贝位距离表初始化
		堆场贝位距离表初始化	堆场贝位距离表初始化
		桥吊贝位范围表初始化	桥吊贝位范围表初始化
		桥吊相邻表初始化	桥吊相邻表初始化
		桥吊 x、y、z 轴校准	桥吊 x、y、z 轴校准
	功能页面、报表修改	泊位计划新增	泊位计划查询、靠泊确认新增 2 台桥吊
		桥吊作业安排新增	桥吊作业安排、定时任务新增 2 台桥吊
		异常处理修改	异常处理对应桥吊修改
		桥吊终端登录新增	桥吊终端登录新增 2 台桥吊，含开户
		集装箱流转跟踪逻辑验证	集装箱流转跟踪逻辑验证
		堆场作业履历-贝位汇总修改	堆场作业履历-贝位汇总修改
		堆场作业履历-实时桥吊汇总修改	堆场作业履历-实时桥吊汇总修改
		堆场作业履历-贝位记录修改	堆场作业履历-贝位记录修改
		桥吊作业履历修改	新增 2 台桥吊，查询条件、统计修改
		集装箱实时位置分布逻辑验证	集装箱实时位置分布逻辑验证
		集装箱视图逻辑验证	集装箱视图数据逻辑验证
		老港大屏逻辑验证	老港大屏吊装数据逻辑验证
		老港桥吊工月产量修改	老港桥吊工月产量修改
		老港桥吊产量表修改	老港桥吊产量表修改
		设备终端登录日志新增	设备终端登录日志新增 2 台桥吊
		值集维护新增	值集维护新增
	桥吊指令相关	桥吊重箱指令对应修改	桥吊重箱指令对应修改
		桥吊空箱指令对应修改	桥吊空箱指令对应修改
	桥吊终端相关	桥吊终端开户	桥吊终端开户
		桥吊终端逻辑验证	桥吊终端逻辑验证
	小程序	进口及空箱桥吊集卡指令修改	进口及空箱桥吊集卡指令修改
		空箱桥吊指令修改	空箱桥吊指令修改
		重箱桥吊指令修改	重箱桥吊指令修改

续表

功能大类	功能分类	功能名称	说明
数采	PLC 位移数采	桥吊位移信息采集	x、y、z 轴采集
		桥吊位移信息存储	x、y、z 轴存储一个月
		桥吊位移信息发送	x、y、z 轴发送云端
		新增 PLC 采集硬件	新增 PLC、ICG 及配套设备
	ICR 识别数采	新增识别硬件	新增识别硬件及配套设施
		新增识别软件	新增识别软件

③ 优化效果。完成码头扩建各界面内容新增，同步原系统应用功能。

3-194　问：激光测距仪受潮是如何优化的？

答：① 背景。随着硬件设备的使用，各元器件都存在着老化风险。本系统采用的激光测距仪为精密设备，随着使用时间的延长，保障密封性的橡胶圈逐渐老化，导致激光测距仪镜头受潮，致使激光强度大大减弱，影响系统正常运行。

② 优化改造。由于激光测距仪橡胶圈更换需要在无尘环境下进行，现场并不具备此条件，为了缓解激光测距仪受潮程度，在激光测距仪上方加装一个挡雨罩，减少雨滴直接掉落在设备上。

③ 优化效果。激光测距仪如图 3-60 所示，左侧为未安装挡雨罩时雨天镜头受潮照片，右侧为加装挡雨罩后雨天正常运行的照片。通过对比可明显发现，加装挡雨罩后激光测距仪镜头的受潮程度得到了有效缓解，延长了激光测距仪的使用时间。但加装挡雨罩未能彻底解决密封圈老化的问题，在严重老化时也会继续发生受潮现象，此时需更换设备，将故障设备进行返厂维修。

图 3-60　激光测距仪

第4章

上海市生活垃圾分类运输处置管理控制系统的运行维护

4.1 运行维护的内容

4-195 问：**系统运行维护的目标是什么？**

答：① 确保上海市生活垃圾分类运输处置管理控制系统正常良好运转，完善日常运维及专业技术支持服务体系。

② 系统运行情况监控、故障处理及应急保障服务，解决应用计算机程序错误问题，提高系统功能投入率并最大限度地实现系统及应用消除缺陷。

③ 性能优化、数据管理，完善系统配置，提高系统的运行效率。

④ 对软硬件设备升级更新和业务流程优化改造。

4-196 问：**系统运行维护的范围是什么？**

答：上海市生活垃圾分类运输处置管理控制系统运行维护的具体范围如表 4-1 所列。

表 4-1　上海市生活垃圾分类运输处置管理控制系统运行维护的具体范围

运维范围	硬件	软件
数据采集系统	・主/备机 ・ES/OS ・信息安全系统 ・外设/IO 设备 ・网络 ・无线 AP ・PLC/IO 设备 ・盘箱柜	・系统软件 ・应用软件 ・平台软件 ・数据库 ・通信软件 ・中间件 ・专用软件
识别系统	・主/备机 ・ES/OS ・信息安全系统 ・外设/IO 设备 ・网络 ・盘箱柜 ・摄像机 ・进出口道闸	・系统软件 ・应用软件 ・平台软件 ・数据库 ・通信软件 ・中间件 ・专用软件
信息系统	・主/备机 ・ES/OS ・信息安全系统 ・外设/IO 设备 ・网络 ・大屏 ・终端设备	・系统软件 ・应用软件 ・平台软件 ・数据库 ・通信软件 ・企业微信系统 ・专用软件

4-197　问：**系统硬件设施的运行维护有哪些内容？**

答：系统硬件设备是保障整个系统正常运行的基础，硬件运维主要是对硬件设备进行日常运行维护服务，包括运行情况实时监控、硬件设备故障处理及应急保障。内容主要包括月度设备现场巡检、设备台账记录、制订备件计划、设备检修管理，具体内容如下。

① 月度设备现场巡检。巡检按照每月一次的频率实施，包括 PLC 设备巡检、IO（输入输出）设备巡检、传感器设备巡检、数据采集服务巡检、无线设备巡检、识别系统设备巡检、现场摄像机设备巡检、每月巡检现场摄像机设备，并做必要记录。设备现场每月点检记录表见表 4-2。

表 4-2　设备现场每月点检记录表

序号	1	2	3	4	5	6	7	8	9	10	11	12	13	14	15	16	17	
检查部位	PLC电气室	入口道闸	出口道闸	工控采集设备	激光测距仪设备	码头CPE设备	无线基站	视频服务器	中控室操作终端	视频识别状态	无线网络状态	箱号识别状态	车号识别状态	服务器OPC服务状态	ICG设备状态	PLC设备状态	出口段调速电机	检查时间
检查内容																		
检查实绩																		
运行状态记录	设备运行分析： 记录人：																	

② 设备台账记录。做好硬件维护设备的清单，对更换的设备做好更换记录，更新设备台账。

③ 制订备件计划。每年/每月提前制订年度/月度备件计划清单，设定备件最少库存量，低于库存量时申请备件采购。

④ 设备检修管理。包括现场摄像机设备检修保养、现场激光测距仪校准、现场设备的通信测试等，其中智能识别系统摄像机、现场设备的通信测试按需进行，摄像机保持镜面清洁，脏污易导致识别率降低，激光测距仪每半年校准一次。

4-198　问：硬件设施如何实现在线监控？

答： 监控系统具备报警提醒功能，监控范围包括各码头具备 IP 地址管理的设备，一旦检测到数据交换运行异常，如外部系统连接失败、数据格式错误等，将自动推送邮件至运维人员，运维人员接收到邮件后及时进行处理。如图 4-1 所示，其中"Running"代表运行正常，而"Anomaly"代表运行异常。

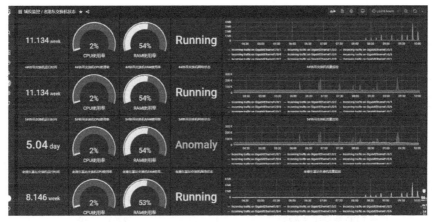

图 4-1　设备运行情况监控系统

4-199　问：硬件状态指标达标的要求是什么？

答：系统硬件状态指标准确率达标的要求见表 4-3。

表 4-3　系统硬件状态指标准确率达标的要求

内容		准确率达标结果/％
PLC 控制系统稳定性		≥99
吊箱位移数据正确率		≥99
网络通信数据准确率		≥99
工控服务器设备稳定率		≥99
码头出入口道闸识别	集装箱号识别正确率	≥98
	集卡号识别正确率	≥98
桥吊识别	集装箱号识别正确率	≥98
	集卡号识别正确率	≥98

4-200　问：备件设备包括哪些？

答：备件设备统一存放于备件仓库，对于易损坏设备的备件必须充足备置，如智能视频识别球机、枪机、POE（以太网供电）模块等，备件设备清单见表 4-4。

表 4-4　备件设备清单

设备名称	规格型号
激光测距仪	DEH-30-500 with Profinet
反光膜	1200mm×600mm

续表

设备名称	规格型号
激光防护罩	定制
工业网关	XT32041
交换机	LS-5120V2-10P-LI
POE 适配器	与 CPE 配套
A8n 配套 POE 模块	A8n 配套
数字球机	DH-SD-6C3223UE-HN
高清枪机	DH-IPC-HFW8249K-ZRL-I4
千兆 1 光 8 电 POE 交换机	UTP7208E-POE-A1
岸桥 LED 补光灯（光控）	220V，50W
服务器	拯救者 9000
光缆尾纤单模	单模单芯 FC/UPC P
超五类 RJ45 屏蔽跳线	0.5m-灰色
超五类 RJ45 屏蔽跳线	5m-灰色

4-201 问：备件如何领用？

答：在硬件设备发生故障且无法继续使用时，可由运维人员申请领取备件进行维修，并记录相关信息，包括规格型号、更换时间、地点、安装位置等，系统备件更换记录表见表 4-5。

表 4-5　系统备件更换记录表

序号	设备名	规格型号	数量	安装位置	时间	功能	确认人	备注
1								
2								

4-202 问：系统软件的运行维护有哪些内容？

答：系统软件的运行维护主要是软件性能优化、软件数据管理以及对软件现有应用功能优化升级，保障系统正常运行。软件运维的内容主要包括系统的日常检查、报修处理、系统点检、其他相关工作等，具体内容如下。

①日常检查。应用系统的运行状态并填写记录表，包括应用登录画面、应用程序备份情况等，保证应用系统处于正常工作状态。应用系统运行状态、日常检查记录表见表 4-6。

表 4-6　应用系统运行状态日常检查记录表

序号	点检项目	点检方式	正常状态	实际状态	点检人	点检日期
1	应用登录画面	命令查看	正常打开并登录			
2	应用程序备份	命令查看	备份成功			

注：若状态不正常，做好记录，及时查明原因并处理故障。

② PLC 程序状态检查。检查桥吊 PLC 程序状态、数据是否正常，如异常应及时查明原因并处理。

③ 智能视频识别进程检查。检查桥吊、道口识别进程、数据、拍摄照片是否正常，如异常应及时查明原因并处理。

④ 指令运行监控。对作业指令运行进行监控，一旦检测到指令运行异常、指令下发延时等异常情况，及时查明原因并处理。

⑤ 中间件点检。对中间件进行点检，一旦检测到中间件运行异常，如进程锁死等现象，在后台及时处理异常。

⑥ 消息队列点检。对消息队列进行点检，一旦检测到消息队列运行异常，如消息堵塞等异常，在后台及时处理异常。

⑦ 通信进程检查。定期对通信进程做检测，一旦检测到通信异常，及时进行处理。

⑧ 对系统菜单各界面的操作应用功能进行点检，如异常应及时查明原因并处理。系统界面点检记录表见表 4-7。

表 4-7　系统界面点检记录表

点检功能	点检周期：				点检人员：		
	周一	周二	周三	周四	周五	周六	周日
三维码头							
船舶管理							
中控调度管理							
集装箱保养维修							
统计追溯							
大屏展示							
报表管理							
基础数据维护							
车辆管理							
外部接口							
系统权限管理							

⑨ 对系统内各个报表数据的正确性做检查，如异常应及时查明原因并处理。

⑩ 对企业微信小程序内操作应用功能进行点检，如异常应及时查明原因并处理。企业微信小程序点检记录表见表 4-8。

表 4-8　企业微信小程序点检记录表

点检功能	点检周期：				点检人员：		
	周一	周二	周三	周四	周五	周六	周日
微信-主页							
微信-分布							
微信-作业							
微信-趋势							

⑪ 每日检查外部接口数据是否正常，可不定时查收系统推送的外部接口异常邮件，主要检查船舶定位系统、称重系统、全程分类散、集装计量等信息是否正常，如异常应及时查明原因并处理。

⑫ 在使用各类终端设备、计算机时发生故障，如设备故障或因电源、网络或环境干扰造成的终端设备异常，应及时报修进行处理。

⑬ 如发现是系统程序、软件异常等问题应及时报修处理，如运维人员无法处理，及时寻求软件开发团队的支持。

⑭ 软件性能优化，具体内容如下。

a. 数据库表结构、索引优化。对常用数据库表结构、索引做调整，确保系统能快速查询数据。

b. 报表查询性能优化。对常用数据库表结构、索引做调整，确保系统能快速查询数据。

c. 外部系统数据传输能力优化。对外部系统接口传输能力检测，一旦发现能力降低时，即优化数据传输能力。

d. 应用程序并发处理优化。提升应用程序的并发处理能力，确保多用户并发使用系统正常。

e. 自动化已有应用程序优化。自动化已有应用程序处理能力优化，确保系统正常运行。

⑮ 数据管理。主要包括基础数据的初始化及变更工作、各个接口数据的报修工作，以及一些日常数据统计清点工作，具体内容如下。

a. 新投运集装箱基础信息初始化。由业务方发起申请，提供集装箱基础信息，运维人员在系统内新增集装箱相关信息初始化。

b. 新投运内集卡基础信息初始化。由业务方发起申请，提供内集卡基础信息，运维人员在系统内新增内集卡相关信息初始化。

c. 新增外集卡基础信息初始化。由业务方发起申请，提供外集卡基础信息，运维人员在系统内新增外集卡相关信息初始化。

d. 新投运桥吊基础信息初始化。由业务方发起申请，提供桥吊基础信息，运维人员在系统内新增桥吊相关信息初始化。

e. 新投运正面吊基础信息初始化。由业务方发起申请，提供正面吊基础信息，运维人员在系统内新增正面吊相关信息初始化。

f. 新投运船舶基础信息初始化。由业务方发起申请，提供船舶基础信息，运维人员在系统内新增船舶相关信息初始化。

g. 船舶航线变更基础信息修改。由业务方发起申请，提供船舶航线变更基础信息，运维人员在系统内变更船舶航线相关信息初始化。

h. 称重系统地磅接入点数据异常报修。确保老港（包括再生能源利用中心一期、二期，生物能源再利用中心一期、二期，填埋场）、虎林、徐浦、闵吴等 17 个地磅接入点的计量数据能正常接收，如有接口异常，及时处理异常，如涉及称重计量系统或网络原因导致异常，第一时间反馈给关联方。

i. 船定位数据异常报修。确保船定位数据能正常接收，如涉及船舶定位系统或网络原因导致异常，第一时间反馈给关联方。

j. 全程分类平台数据异常报修。配合做好全程分类系统数据能正常接收，如涉及全程分类系统接口异常，第一时间反馈给关联方。

k. 向全程分类抛送数据异常报修。配合做好数据能正常发送给全程分类系统，如涉及全程分类系统接口异常，将第一时间反馈给关联方。

l. 电管家采集点数据异常报修。确保老港东 $1^{\#}$ 吊、$2^{\#}$ 吊等 12 个采集点电耗量数据能正常接收，如涉及电管家系统或网络原因导致异常，第一时间反馈给关联方。

m. 非计算逻辑的查询数据导出服务。通过系统界面自定义查找无法满足对数据查询时，对于这种非计算逻辑的查询，由系统运维通过后台提供系统数据导出服务。

⑯ 对现有应用功能完善，具体内容如下。

a. 应用系统的计算机程序错误修复。当发现系统的计算机程序错误后，通过在运维管理平台进行报修，由运维人员及时修复。

b. 对查询缓慢的界面做优化。

c. 报表修改。在不修改报表基本逻辑的基础上，新增报表字段、条件，调整字段顺序，报表字段定义重复，切换其他字段，预留字段数据显示。

d. 测距仪校准时的自动化程序优化。对测距仪进行校准，确保系统集装箱位置数据正确。

4-203 问：系统软件如何进行二次开发服务？

答： 二次开发服务的范围包括上海生活垃圾分类运输处置管理控制系统项目范围内的数据采集系统、视频识别系统、生产管理系统等。在系统应用过程中，随着业务作业的改变，需对系统进行增加/修改业务逻辑、新增功能、新增软件界面、新增接口等，由需求方填写申请表，见表 4-9，并按流程执行。

表 4-9　上海生活垃圾分类运输处置管理控制系统需求申请表

系统名称	上海生活垃圾分类运输处置管理控制系统		
申请单位		申请日期	年　　月　　日
申请人		联系方式	
需求类型	□ 功能新增	□ 功能变更	□ 数据修改
需求内容			
申请单位审核	审核人签字：　　　　　　　　　　日期：		
业务管理部门	审核人签字：　　　　　　　　　　日期：		
专业管理部门	审核人签字：　　　　　　　　　　日期：		
完工确认	申请单位签（章）	实施单位签（章）	管理部门签（章）

4-204 问：系统权限如何开通？

答： 系统权限分为应用系统账号、企业微信账号、4G 卡开卡绑定、激活等，通过申请人填写申请表，见表 4-10，并按流程执行。

表 4-10　上海生活垃圾分类运输处置管理控制系统账号/权限开通申请表

申请人姓名		工号	
邮箱		电话	
所属组织		权限模块	
申请人签字： 申请日期：		审批人签字： 审批日期：	

① 应用系统账号、权限开通。根据系统账号、权限开通申请表，对系统账号、权限进行开通。

② 企业微信账号、权限开通。根据系统账号、权限开通申请表，对企业微信账号、权限进行开通。

③ 4G 卡开卡绑定、激活。根据系统账号、权限开通申请表，完成 4G 卡开卡绑定、激活工作。

4-205 问：**系统运维服务方式有哪些？**

答：根据服务范围及其服务内容，具体服务方式如下。

① 在线报修服务。可通过系统内中控管理调度菜单中"需求管理"界面进行报修，跟踪报修事件，其中报修管理内容包括报修、处理、反馈、结案功能。

② 热线支持服务。可通过电话、邮件、微信等工具联系运维人员，运维人员远程指导处理各种技术问题。

③ 远程接入支持服务。为了及时排除故障，在许可的前提下通过系统远程登录，排除系统出现的故障问题。

④ 现场服务。在热线与远程登录均无法解决问题的情况下，根据问题的级别及时派遣运维人员进行现场服务。

4-206 问：**故障级别有哪些？**

答：故障级别分为关键故障、非关键故障、一般事件，具体内容如下。

① 关键故障。因软件以及硬件设备原因使系统运行中断，对业务的运行有严重影响，或导致数据连续丢失，"通过补偿机制修正补充缺失数据的，不列为关键故障"。例如类似数采服务器宕机等故障。

② 非关键故障。因软件以及硬件设备原因使系统中重要功能受损、主要

性能指标严重下降，但未导致业务中断或数据丢失。在系统主要功能及性能指标运行正常的情况下，系统部分功能与性能报警，例如车载终端故障。

③ 一般事件。在系统无故障或不影响业务运行的情况下，对系统的功能安装、配置、性能优化或使用方面提出服务要求，例如清理计算机缓存，查找箱子位置等问题。

4-207 问：系统故障级别具体分类是什么？

答：系统故障级别也分为软件类和硬件类，系统软件类故障级别分类见表 4-11，系统硬件类故障级别分类见表 4-12。

表 4-11　系统软件类故障级别分类

序号	软件功能类别	故障点	故障级别
1	ESB 系统	EAI/EDI 标准	非关键
2	电管家	系统接入	非关键
3	上海生活垃圾全程分类系统	系统接入	非关键
4	称重系统	系统接入	非关键
5	派位系统	系统接入	非关键
6	船舶定位	系统接入	非关键
7	仓库管理系统	系统接入	非关键
8	数字填埋	系统接入	非关键
9	经营分析	城投环境大屏可视化	非关键
10		物流公司大屏可视化	非关键
11		老港基地大屏可视化	非关键
12		运营分析报表	非关键
13	生产厂监视（含产线信息接入）	填埋处置监视	非关键
14		焚烧处置监视	非关键
15		渗沥液处理厂在线	非关键
16		生物能源再利用中心监视	非关键
17	流转跟踪	箱体流转跟踪	非关键
18	生产管理	人员管理	非关键
19		线路管理	关键
20		排班管理	非关键
21		绩效考核管理	非关键
22		设备管理	非关键

续表

序号	软件功能类别	故障点	故障级别
23	生产管理	备件管理	非关键
24		集装箱生命期管理	关键
25		堆场管理	关键
26		作业调度	关键
27		应急调度	关键
28		中控室管理	非关键
29	作业管理	作业管理	关键
30		箱容箱貌管理	非关键
31		船载管理	关键
32		内、外集卡管理（含车载信号接入）	关键
33		桥吊管理	关键
34		正面吊管理	非关键
35		运营 APP	关键
36	数据采集	桥吊数据采集系统	关键
37		处理场数据采集系统（渗沥液处理厂、再生能源利用中心一期、再生能源利用中心二期、生物能源再利用中心）	关键
38	实时数据库	IHDB	关键

表 4-12　系统硬件类故障级别分类

序号	硬件功能类别	问题描述	故障级别
1	识别设备	基地道口识别摄像机故障	关键
2		码头道口识别摄像机故障	关键
3		多种箱号（识别率低于合理范围）	关键
4		相机黑屏（图片无成像）	关键
5		识别服务器宕机	关键
6		数字球机等监控摄像机故障	非关键
7		交换机、网关、等网络故障（已影响系统运行）	关键
8		交换机、网关、等网络故障（不影响系统运行）	非关键
9		补光灯、支架等辅助设备故障（不影响系统运行）	一般事件

续表

序号	硬件功能类别	问题描述	故障级别
10	终端设备	车载终端故障	非关键
11		船载终端故障	非关键
12		桥吊终端故障	非关键
13		正面吊终端故障	非关键
14	数采设备	大车实际位置与系统位置不符	关键
15		ICG 故障	关键
16		桥吊 PLC 宕机	关键
17		数采服务宕机	关键
18		基站宕机	关键
19		桥吊激光测距异常	关键

4-208 问：各故障级别的响应时间如何设置？

答：故障响应时间一般按故障紧急程度进行设置，关键故障和非关键故障优先处理，一般事件根据报修时间顺序处理，不同码头区域的报修延期到第二天处理，其具体响应时间见表 4-13。

表 4-13　上海生活垃圾分类运输处置管理控制系统各级事件服务响应时间

故障级别	电话支持	远程接入（工作时间）	远程接入（非工作时间）	现场支持（工作时间）	现场支持（非工作时间）
关键故障	立即	30min	1h	4h	8h
非关键故障	立即	1h	2h	16h	无
一般事件	立即	2h	4h	24h	无

4-209 问：系统迭代优化时间如何安排？

答：系统迭代优化主要是针对系统漏洞修复或运行版本升级，发布已经修改好的漏洞和已经优化的内容。根据故障的紧急程度进行发布，具体安排如下。

① 定时发布。为非关键故障，将提前一天发布系统新版本发布通知，一般发布时间为凌晨 1 点左右，老港码头为非作业时间。

② 不定时发布。为关键故障，即对系统故障完成修复后立即进行发布，一般发布时提前告知中控人员，发布更新时间一般需要 2～10min。

4-210 问：系统运行维护指标评价是什么？

答：根据系统运行情况，采用"关键故障"时间按照单个码头进行计算评价，具体内容如下。

① 关键故障时间≤2h /月，关键故障总时间≤20h/年。

② 关键故障时间＞2h/月，每超过 1h，按运维要求对相关指标评价进行扣分。

③ 关键故障总时间＞20h/年，每超过 1h，按运维要求对相关指标评价进行扣分。

4-211　问：如何对运行维护服务质量进行评定？

答：按季度根据考核指标、专业考核细则、管理制度等运维要求进行评价考核，按照安全、质量、服务、基础管理四个方面进行综合评价考核，见表 4-14。

表 4-14　上海生活垃圾分类运输处置管理控制系统综合评价考核

类别	评价内容	评价标准	分值/分	评价方法	评价结果	扣分原因
安全	安全事故	按《安全环保管理规定》执行	20	满分 20 分，发生险肇及以上安全事故一次扣 10 分；发生安全隐患一次扣 2 分；其余按相关规定执行		
	安全计分					
质量	状态指标	按协议条款执行	30	按协议条款执行		
	应急响应	按协议条款执行	10	发生因主观原因造成响应不及时一次扣 5 分		
	标准化	整理、整顿、清扫、清洁和修身（5S）	4	发生未达标一次扣 2 分		
	检修进度	按进度实施检修作业	6	发生检修延时一次扣 2 分		
	检修质量	严格确保检修质量	10	发生因检修质量问题导致系统故障一次扣 5 分		
服务	客户服务	及时协调解决客户提出的服务需求	5	发生主观推诿一次扣 2 分		
	信息反馈	及时提交报告材料	5	发生因主观原因造成延迟一次扣 2 分		
基础管理	维修人员	按要求进行上岗培训和安全教育	4	发现未经培训或培训不及格上岗者每人次扣 2 分		
	出入管理	按《人员进出厂管理规定》执行	4	发生违规进出厂每人次扣 2 分		
	物料管理	负责责任范围内检修资材、备件的保管工作	2	发生因保管不当造成遗失或损坏一次扣 1 分		
评价总分			100			

4.2 典型故障案例及处理流程

4.2.1 硬件故障及处理流程

4-212 **问：终端故障及处理流程是什么？**

答：设备终端常见故障有无法开机、网络异常、卡死等现象，具体内容如下。

① 无法开机。主要原因有电力异常、设备系统异常、设备开关按钮故障等，主要解决流程如下。

a. 电力异常。终端按内置电源分类可分两类：一类是终端配备内置电源，通常用于桥吊、正面吊使用；另一类是终端没有配备内置电源，通常用于集卡、船舶使用。当这两类设备无法开机时，首先由终端操作人员检查供电线路或插座是否正常，在供电正常的情况下还无法打开终端，则进行报修。报修后由运维人员对终端设备进行现场检查，对于配备内置电源的终端首先检查设备电源是否正常，是否有鼓包等现象，无以上情况后更换终端充电器查看是否可以充电，若仍无反应则立即对终端进行更换并返厂维修。对于没有配备内置电源的终端，则需先更换设备，然后将异常终端返厂维修。

b. 设备系统异常、设备开关按钮故障。这种故障是无法通过现场检查发现的，均需对终端设备进行更换后返厂维修。

② 网络异常。终端设备可正常开机，但网络连接失败，无法登录系统，主要原因有误设置、4G 网络异常等，主要解决流程如下。

a. 误设置。误关闭移动 4G 网络或将网络设置为飞行模式，首先由终端操作人员对网络设置进行检查，查看移动 4G 网络数据是否被打开，飞行模式是否已关闭，另外建议 WiFi 功能也进行关闭，避免连接其他网络导致异常，这些异常一般均可由终端操作人员自行解除。

b. 4G 网络异常。在网络设置正常但仍无法连接网络的情况下，由终端操作人员进行报修，运维人员接收到报修后首先通过 4G 卡管理平台查看故障终端设备的 MAC 地址和 4G 卡卡号，查看对应的 SIM 卡是否已被激活，若 SIM 卡状态正常，再对终端设备进行现场检查。检查终端 SIM 卡卡槽是否有松动，若无异常则通过插拔后重启终端，若仍无法连接网络或卡槽松动，都需先更换设备，然后将异常终端返厂维修。

③ 卡死。此为最常见的故障，一般由于网络长时间未连接、系统异常、

终端温度状态等原因导致。当终端系统卡死时，首先由终端操作人员通过长按开机键对终端进行强制性重启，重启后重新登录系统即可恢复正常。若强制重启失败或重启后仍然发生卡死现场，由终端操作人员进行报修，运维人员至现场检查，若无法修复则需立即更换终端，然后将异常终端返厂维修。

4-213 问：**故障终端如何更换？**

答：当终端发生故障时，需要进行更换，具体处理流程如下。

① 网络设置。对新终端骨干网网络进行配置，需将 MAC 地址和 4G 卡卡号进行激活，具体操作如下。

a. MAC 地址。打开终端，在设置中找到无线和网络，选择"WLAN"后点击右上角三个黑点进入 WLAN 设置，在该界面内可查询新终端的 MAC 地址。

b. 4G 卡卡号。在 4G 卡芯片反面由数字和字母组成的 20 位号码。

c. 由系统运维人员登入 4G 卡管理平台，根据 MAC 地址和 4G 卡卡号激活号码。

d. 4G 卡激活后运维人员将对应车辆在系统内进行更换设置，绑定新终端的 MAC 地址。

e. 在新终端移动数据内设置 APN（接入点名称）连接，APN 为固定参数，设定后即可完成网络设。

② 系统 APP 安装。终端通过计算机连接后，复制安装包至终端系统内，点击完成安装，即可登录系统。

③ 终端安装。桥吊、正面吊终端有支架，直接放置于支架上即可，集卡车载终端需用螺栓固定在指定位置，船载终端为一体机，需置于固定位置。

4-214 问：**数采工控机故障及处理流程是什么？**

答：数采工控机用于将生产数据写入本地关系型数据库，当数采工控机异常时，会导致系统内所有桥吊 PLC、智能识别系统都无数据，所以数采工控机是非常重要的，备有冗余设备，可在 1min 内完成切换。当数采工控机异常时，所有点位都会通过邮件报警提示，具体处理流程如下。

① 通过远程连接数采工控机，若可远程连接成功，启动桌面各数采程序，判断数据采集是否正常，若异常则对应处理故障。当系统提示无法远程连接时，需至现场进行检查，查看数采工控机电力是否正常，若电力故障应及时进行检修。

② 若电力正常，数采工控机发生异常、无法开机等，需对设备进行检修，若无法及时修复，则应该立即切换至冗余设备恢复系统运行。

③ 若数采工控机设备正常,应检查网络状态。当网络异常时,系统内数采工控机等设备均无法正常运行,此时需对现场网络进行排查及维修,网络恢复后系统即可正常运行。具体内容如下。

a. 检查数采工控机连接骨干网交换机网络端口是否异常,一般通过更换新水晶头、网线、端口等即可恢复。

b. 检查从基站到机房交换机的光纤是否异常,可先到中控室机房内检查服务器下方交换机指示灯闪烁情况,或用"ping"命令检查基站网络通信是否工作正常。如果机房内机指示灯异常或无法"ping"通,需检查沿线是否有施工挖断电缆或光缆的情况。若电缆或光缆异常,需进行故障报修,由施工队对进行维修。

④ 当网络通信正常时,检查其他连接数采工控机是否异常,进入监控系统查看交换机等设备是否断开连接,便可判断故障是否发生,解除故障后系统即可正常运行。

4-215 问:**PLC 故障及处理流程是什么?**

答: PLC 分为桥吊电气室 PLC 系统和为了系统应用所需而新增的 PLC 系统,此处指的是新增的 PLC 系统,原桥吊电气室 PLC 系统故障需维修班组或桥吊厂家进行维修。新增 PLC 是用于获取系统上层应用所需求的大量生产过程数据。当新增 PLC 发生故障时,对应桥吊无数据,此异常是无法通过在线监测及发送提醒邮件,所以在系统应用过程中,中控人员若发现统计追溯菜单内"桥吊作业履历"界面内正常作业的桥吊作业数据异常,就可初步判断这个桥吊上的 PLC 异常。可通过中控调度管理菜单内"需求管理"界面进行故障需求填报,运维人员接收到故障报告后进行处理,具体处理流程如下。

① 先通过远程登录交换机用"ping"命令检查桥吊到基站的网络是否正常。若可以"ping"通,则表示网络无异常;若无法"ping"通,则表示网络故障,需对网络各设备进行排查。

② 若网络无异常,需到异常桥吊现场检查工业网关和交换机是否正常。若信号指示灯均不闪烁,需检查供电是否正常。在供电正常的情况下,指示灯都不亮,则需更换新备件。若仅部分指示灯异常,则说明对应连接设备异常,解决设备异常后即可恢复。

③ 若工业网关和交换机无异常,则检查原桥吊电气室 PLC 系统是否正常。若异常则需通知桥吊维修班组进行检查,原系统修复后新增 PLC 即可获取数据。

④ 若桥吊电气室 PLC 系统无异常,最后判断是否为新增 PLC 故障。若为新增 PLC 故障,需要重新导入 PLC 原始程序备份,先还原、后重启 PLC,检

查数据是否正常。如果依旧不能恢复，则需要更换新的 PLC 硬件，然后导入程序即可恢复。

4-216 问：**基站故障及处理流程是什么？**

答：基站的作用是实现有线通信网络与无线终端之间的无线信号传输，当基站发生故障时，现场生产的所有数据都无法正常传输，在线监测系统会发送异常提醒邮件至相应人员，具体处理流程如下。

① 检查从基站到机房交换机的光纤是否异常，可先到中控室机房内检查服务器下方交换机指示灯闪烁情况，或用"ping"命令检查基站网络通信是否工作正常。如果机房内机指示灯闪烁异常或无法"ping"通，需检查沿线施工是否有挖断电缆或光缆的情况。若为光纤故障，需进行故障报修，由施工队对光纤进行维修。可通过更换新 POE 交换机或者新网线进行排查，更换后交换机供电恢复即可解除异常。

② 若基站到机房网络无异常，则检查现场基站供电是否正常。若供电异常，需对电力进行维修。

③ 若供电无异常，则检查基站内基站 POE 交换机是否正常，查看交换机指示灯闪烁情况。若指示灯异常，通过更换新 POE 交换机或者新网线进行排查，更换后即可恢复。

④ 若交换机无异常，则检查基站天线接收、发射模块是否异常，查看基站设备指示灯闪烁情况，或用"ping"命令进行检查。若基站天线异常，通过更换后即可恢复。

⑤ 若基站天线经排查后也无异常，最后只能通过更换基站设备进行排查。

4-217 问：**激光测距仪故障及处理流程是什么？**

答：激光测距仪用于检测桥吊大车位移坐标，当发生异常时会导致桥吊贝位数据偏移或不变，使桥吊作业履历、三维码头界面、泊位计划船舶集装箱装载异常，此异常无法通过在线监测及发送提醒邮件。中控人员发现异常后，可先通知现场作业人员对异常激光测距仪的桥吊进行检查，查看是否由异物遮挡了激光。若现场未发现明显异常，则通过中控调度管理菜单内"需求管理"界面进行故障需求填报，运维人员接收到故障报告后进行处理，具体处理流程如下。

① 通过远程登录系统数采工控机进行查询。通过网关管理软件，找到异常激光测距仪的数据，大车实时位移代表当前状态下桥吊距离，激光强度代表激光打到反光膜后返回数据状态良好程度，即距离越近强度越高，距离越远强

度越低。通过数据变化和激光强度判断测距仪是否出现异常，若大车实时位移为 0 或者激光强度小于 20 时，即可判断激光测距仪发生异常，如图 4-2 所示为正常情况下的网关管理软件激光测距仪各参数。另外也可通过网关管理软件激光日志进行查看，在日志中也会对异常数据进行记录并提示。若网关管理软件内无法查询对应数据，可能是网络或网络设备异常导致，需至现场进行检查，维修或更换新网络设备后即可恢复。

类型	描述	当前值
对象属性	控制量	0
对象属性	状态	1
对象属性	运行状态	1
对象属性	发送包数	0
对象属性	接收包数	0
对象属性	通讯成功率	0.0000
数字量	吊具抓钩开闭锁(0开锁；1闭锁)	0
数字量	滚轮运动信号	0
数字量	大车制动信号(1为制动)	1
数字量	小车制动信号(1为制动)	1
数字量	起升制动信号(1为制动)	1
数字量	所有主令在零位	1
数字量	吊具着箱信号(0为着箱)	1
数字量	空重箱信号(0空箱；1重箱)	0
数字量	提箱采集触发信号(1:触发)	0
数字量	落箱采集触发信号(1:触发)	0
模拟量	小车位移(cm)	1410.0000
模拟量	小车速度(m/min)	0.0000
模拟量	起升位移(cm)	390.0000
模拟量	起升重量(kg)	0.0000
模拟量	双吊具间距(cm)	0.0000
模拟量	大车位移(cm)	8163.0000
模拟量	大车方向(0停止；1向右；2向左)	0.0000
模拟量	工作类型(0提箱；1落箱;2其它)	2.0000
模拟量	吊具尺寸(plc恒给20)	20.0000
模拟量	累计吊箱次数	7682.0000
字符量	PLC的IP地址	192.168.111.67
模拟量	发给西井	0.0000
模拟量	大车实时位移	8158.0000
模拟量	起升实时位移	930.0000
模拟量	诊断_CPU启动停止	2.0000
模拟量	诊断_CPU故障	1.0000
模拟量	诊断_CPU维护状态	1.0000
数字量	从站（CPU）故障	0
数字量	从站（测距仪）故障	0
模拟量	激光强度	4134.0000
模拟量	激光故障代码	0.0000

图 4-2　正常情况下的网关管理软件激光测距仪参数

② 进行现场检查时首先查看激光测距仪光束是否正常，若无光束则需对电源进行检查，若电源正常而无光束，则需更换设备返厂维修。

③ 若激光测距仪激光光束正常，再检查镜头是否清洁或受潮，脏污或受潮可能导致测距错误。若脏污后则需进行清洁，在擦拭过程中避免刮伤镜头。另外激光光束可能对眼睛有伤害，不能用眼直视激光束，或者在维修过程中不必要地将激光光束指向其他人。因脏污引起的异常在清洁后即可恢复正常，若受潮则需更换设备返厂维修。

④ 若激光测距仪镜头清洁且未受潮，再检查激光是否可射到反光板上，若反光板无激光点，则需对激光测距仪进行微调，使激光可在反光板上进行反射，调整后即可恢复正常。

4-218　问：无线 CPE 故障及处理流程是什么？

答：无线 CPE 是接收移动信号并以无线 WiFi 信号转发出来的移动信号接入设备，当发生异常时会导致桥吊数据传输异常、系统据丢失等情况。无线 CPE 异常无法通过在线监测，但其异常会导致 ICG 异常，发送异常提醒邮件至相应人员，接收到邮件后需要进行现场检查才可判断是否是由于无线 CPE 故障引起的系统异常。若 CPE 故障，具体处理流程如下。

① 首先需至现场检查异常桥吊 CPE 供电的 POE 模块是否异常，如果仅 POE 模块指示灯异常则更换新 POE 供电模块即可恢复。

② 若 POE 模块指示灯正常，则需要检查 CPE 连接 POE 模块的网线指示灯是否异常，如指示灯不亮则代表网线异常，更换新水晶头或者更换新网线即可恢复。

③ 检查 POE 模块连接的交换机网线是否异常，若网线异常则更换新网线即可恢复。

④ 若以上内容均正常，最后检查 CPE 模块是否异常。如果确定是 CPE 异常，则需更换新的备件，在更换新备件的同时导入相应的 CPE 原始数据即可恢复。

4-219　问：交换机故障及处理流程是什么？

答：交换机是整个系统数据交换的主要工具，应用于系统各自动化设备、智能识别设备、网络连接等。当交换机发生故障时，网络通信中断，对应的设备离线，在线监测系统会发送异常提醒邮件至相应人员，此时需要对设备进行现场分析后，才能判断是否为交换机故障。若交换机故障，具体处理流程如下。

① 现场检查交换机使用状态，通过检查交换机指示灯是否正常闪烁来判断上面所连接设备是否正常。若指示灯均不闪烁，需检查供电是否正常。在供电正常的情况下，指示灯都不亮则需更换新备件。若仅部分指示灯异常，则说明对应连接设备异常，可通过更换端口，对需配置的设备进行设置后即可恢复，并对异常端口进行贴标注释。

② 检查交换机上单模或者多模模块是否正常，可通过备件更换来判断是否故障，若发生故障，更换后即可恢复。

③ 各类交换机因使用功能不同，更换方式也不同。

a.无需配置。智能视频识别系统所用的交换机均为傻瓜式交换机，当此类交换机发生故障时，直接更换新备件使用即可恢复。

b.需配置。桥吊数采、基站、机房等使用的交换机均需要配置文件等相关信息，配置完成后才能使用。

4-220 问：POE 交换机供电模块故障及处理流程是什么？

答：POE 交换机的主要功能是通过 POE 供电模块，借助一根常规以太网线缆，在传输数据的同时为远端受电终端供应电力，用于基站和桥吊中为设备提供网络和电源。当其 POE 供电模块异常时，会导致交换机所有 AP 点位或无线 CPE 断电，对应设备设施数据丢失，在线监测系统会发送异常提醒邮件至相应人员。此时需要进行现场分析后，才能判断是否为 POE 交换机供电模块故障，数据交换异常可按交换机故障进行处理。若 POE 交换机供电模块发生故障，具体处理流程如下。

① 基站 POE 交换机供电模块。出现异常会导致基站 POE 供电（以太网供电，用于网络设备的供电）设备断电，码头全部数据都会丢失。通过检查中控室机房内服务器下方交换机指示灯闪烁情况，来判断中控室到基站光纤是否异常。若指示灯异常，表示光纤可能发生故障，需至现场进行检查。若指示灯正常，再到基站处检查基站 POE 交换机是否异常，可通过更换新 POE 供电模块或者新网线进行排查，更换后交换机供电恢复，即可解除异常。

② 桥吊 POE 交换机供电模块。出现异常会使无线 CPE 无法供电，导致信号无法正常发射、数据丢失，可通过更换新 POE 供电模块或者新网线进行排查，更换后交换机供电恢复，即可解除异常。

③ 码头出入口 POE 交换机供电模块。出现异常会导致出入口数据丢失，使空箱、卸点指令异常，可通过更换新 POE 供电模块或者新网线进行排查，更换后交换机供电恢复即可解除异常。

4-221 问：**网关故障及处理流程是什么？**

答：网关主要用于将数据采集后转换网段并与系统通信，系统内每台桥吊部署一个工业网关进行隔离。当网关发生故障时，对应桥吊异常，在线监测系统会发送异常提醒邮件至相应人员。此时需要对故障进行分析后，才能判断是否为网关故障。若网关故障，具体处理流程如下。

① 远程登录数采工控机查看网关内核是否退出，若退出则需通过命令行进行重启；若现场操作数采工控机可直接进行重启操作，重启后即可恢复。

② 现场检查网关上面每个信号指示灯是否异常，若指示灯均不闪烁，需检查供电是否正常。在供电正常的情况下，指示灯都不亮则需更换新备件；若仅部分指示灯异常，则说明对应连接网关的设备异常，解决设备异常后即可恢复。

4-222 问：**识别硬件故障及处理流程是什么？**

答：智能识别系统可为系统提供作业集装箱箱号、集卡车号数据信息，若智能识别系统异常，将导致指令系统、集装箱流转跟踪、报表统计等均异常。主要的识别硬件异常包括：识别服务器硬件异常、识别交换机异常、网线异常、识别摄像机异常等，具体处理流程如下。

① 可先远程用"ping"命令检查网络通信是否工作正常，若无法"ping"通，需至现场检查。

② 检查电力是否正常，若电力异常，则由维修人员进行修复。

③ 若电力无异常，检查识别服务器硬件是否异常，通过观察服务器上面的指示灯，并登录服务器控制台来查看运行情况。若识别服务器硬件故障是无法立即修复的，需要更换备用服务器才可修复。

④ 若服务器无异常，则检查交换机信号指示灯是否异常。若指示灯均不闪烁，则通过更换交换机或网线进行排查，更换后即可恢复。

⑤ 若网络无异常，则检查识别摄像机是否异常，特别是识别集卡车顶号的球机摄像机，一旦这个球机出现异常，识别就会停止。这时需找运维识别工程师同步进行处理，摄像机故障主要有镜头内部进水雾、电源故障等。对于摄像机故障，需要更换新设备后才可恢复。

4-223 问：**识别摄像机如何更换？**

答：识别摄像机包括枪机和球机，当摄像机发生故障时具体更换流程如下。

① 每个摄像机都有备份的文件，更换时需要把对应配置文件导入摄像机内，并设置好对应的 IP 地址。

② 由于服务器会自动检索连接，所以需要设置和之前相同密码，若为不同的服务器，则无法正常连接。

③ 调整摄像机角度和其他相关配置，如自动聚焦等。

④ 完成摄像机参数调整后，登录服务器检查是否和程序连接成功，再观察是否正常识别。若异常则需分析具体原因，如识别模糊等需要调整聚焦或进行软件调试。

4-224 问：码头出口闸机故障如何维修？

答：为了提高码头出入口道闸处智能识别率，降低集卡车辆速度，在码头出口识别处安装闸机，码头入口则利用原有蓝牙闸机进行控制。当出口闸机发生故障时，需至现场进行检查，具体流程如下。

① 观察闸机外观是否正常，有无被撞击痕迹。

② 查看供电情况，电源是否正常。

③ 目前使用的闸机是利用红外对射进行抬杆控制的，当设备外观和供电正常时，查看红外对射是否正常，若异常则需对红外对射进行校准即可恢复。

④ 若以上均正常而无法抬杆或落杆时，则需对设备机构进行排查，或联系设备厂家进行检修。

4.2.2　软件故障及处理流程

4-225 问：服务器异常如何处理？

答：本系统服务器搭建在专有云上，若服务器出现故障，将由专业维护人员进行抢修。在服务器异常、系统无法正常使用的情况下，需要进行人工现场指挥，待系统恢复后需对码头堆场、船舶等集装箱分布情况进行盘点并录入系统。码头堆场现场盘点表见表 4-15，船舶集装箱分布盘点表见表 4-16。

表 4-15　码头堆场现场盘点表

位置 贝位	01 排		02 排		03 排		04 排		05 排		06 排	
	1 层	2 层	1 层	2 层	1 层	2 层	1 层	2 层	1 层	2 层	1 层	2 层
01 贝位												
02 贝位												
03 贝位												
……												

表 4-16　船舶集装箱分布盘点表

舱号＼位置	01 排		02 排		03 排	
	1 层	2 层	1 层	2 层	1 层	2 层
01 舱						
02 舱						
03 舱						
04 舱						
05 舱						

4-226　问：**系统卡顿如何处理？**

答：系统卡顿主要是由于程序问题引起的，具体原因如下。

① 网络原因。网络通信异常导致数据传输卡顿，需对网络设备进行检查。

② 服务器因素。服务器处理数据过慢，主要服务器性能问题，需优化程序或升级服务器硬件。

③ 数据库因素。由于进程程序资源失调导致，发生数据库表锁死等现象，可通过关闭进程查看资源分配情况进行排查，或重启服务器进行恢复。

④ 队列消息堵塞。当控件处理排队时，队列消息"Ready"的累计数超过10 个时就会发生堵塞的情况，界面图如图 4-3 所示，可通过对应页面进行重启，重启后需继续观察进程情况，若无异常，系统即可恢复正常运行。

图 4-3　"系统队列消息堵塞"界面图

4-227　问：**基站网络延迟时如何处理？**

答：若基站出现网络延迟时，用"ping"命令查询网络延时，当超过2000ms 时就会发生延迟现象。也可以查看繁忙程度，当繁忙程度大于 45％时即可判断网络异常。此时需要通过信道扫描，界面图如图 4-4 所示，查询基站附近最佳的网络信道，选择"Busy"比例最低或 AP 数量最少的信道，通过调整较佳的信号接收模式，测试网络情况，直至恢复正常通信。

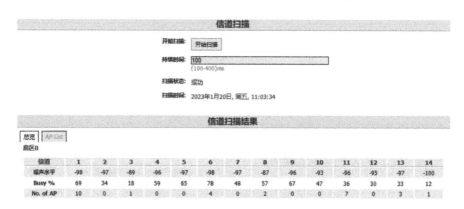

图 4-4　基站"信道扫描"界面图

4-228　问：**PLC 系统软件异常如何处理？**

答：PLC 软件异常将导致桥吊无数据，除硬件故障外，软件主要故障及处理流程如下。

① PLC 软件异常。进程卡顿等异常，可通过重启 PLC 软件或重新导入 PLC 程序进行恢复。

② 工业网关软件异常。可通过网管系统进行故障排查，具体处理流程如下。

a. 通过设备数据库，在菜单中依次展开通道和设备，可以查看对应设备的采集数据，包括数据的数值、时间戳和质量戳，其中质量戳为"0"代表正常，质量戳为"1"代表异常。在设备数据中还可以查看到一些系统变量，比如设备的发送和接收包数，通信成功率等，界面图如图 4-5 所示。通过分析对应故障内容进行异常处理。

b. 打开通信报文窗口，点击更新列表，在通道下拉框里面选择需要查看的通道，这里包含采集和转发通道。然后可以在下面的信息窗口里面查看到对应的通信报文，通信报文是网关和设备之间交互的基础，对分析通信问题有很大帮助，界面图如图 4-6 所示。通过分析对应故障内容进行异常处理。

c. 查看日志信息。"日志信息"界面显示的内容是实时日志，从网管软件监视网关的时候开始显示，其中常用的是 IO 通信日志和 IO 控制日志，可查

图 4-5　网管系统"设备数据"界面图

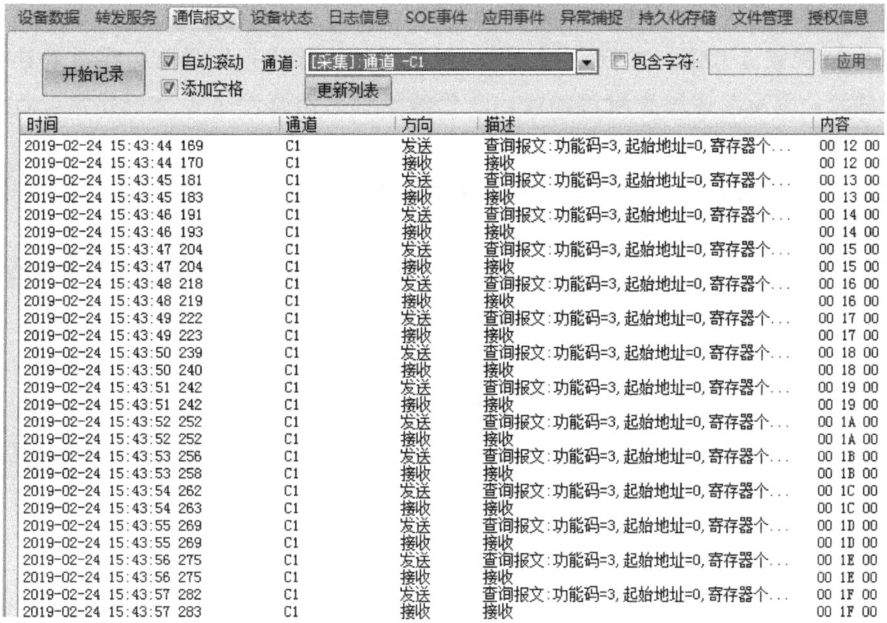

图 4-6　网管系统"通信报文"界面图

看各模块的运行情况，界面图如图 4-7 所示。通过分析对应故障内容进行异常处理。

4-229　问：识别软件发生异常如何处理？

答：当智能识别系统出现异常时，首先登录对应故障点位的智能识别服务器，查看摄像机情况，当发生角度偏移、抖动、异物遮挡等情况都会导致识别

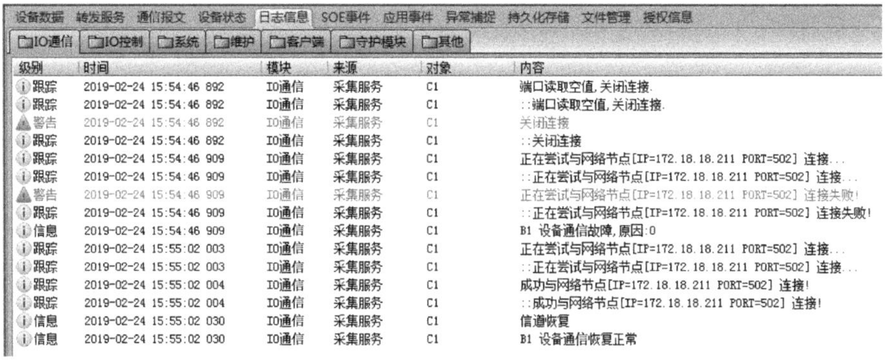

图 4-7　网管系统"日志信息"界面图

异常。若无法进行远程控制，则需通过用"ping"命令检查网络情况，在排除硬件故障的前提下，软件处理流程如下。

① 视频流卡顿。由于智能识别视频流卡顿而导致识别异常，需重新连接视频流，重新连接后查看流畅度，若仍然卡顿需检查网络等是否异常，若流畅，即可恢复。

② 视频流中断。重新启动程序即可恢复，需继续观察是否还会发生中断现象，若发生，需对网络进行检查。

③ 识别模型卡顿。一般由于服务器资源不足导致，清理进程后即可恢复。

④ 软件进程掉线。重新打开进程即可恢复。

⑤ 软件进程卡死。重启服务器可即可恢复。

⑥ 识别数据参数异常。由于环境、工况等因素导致原设定参数不符合现有作业环境，导致识别率降低，则需对参数进行调整，调整后需重新启动服务器，即可恢复。

⑦ 数据缓存异常。先清理硬盘，完成后重启服务器即可恢复。

4-230　问：导致识别率低的环境因素有哪些？

答：智能识别是图像识别技术，所以受环境因素影响比较大，具体内容如下。

① 雨天。由于水珠附着在摄像机镜头处，导致识别过程异常，这是智能识别异常的主要原因。当中控人员发现大量数据错误或丢失时，可先通过外部接口菜单中的"桥吊、道口 ICR"界面的识别图片进行检查并初步判断原因，排除是车牌掉漆、箱号脏污等其他因素引发的异常。如图 4-8 所示，可明显发现是雨珠附着导致识别模糊，此时需对摄像机进行人工擦拭，以提高识别率。

但如果持续下雨，此故障可能会反复发生，所以定期更换防雨膜是非常重要的。

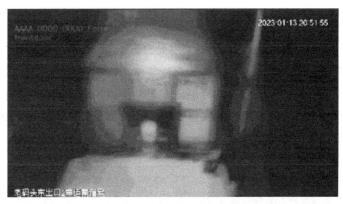

图 4-8　雨天智能识别异常图

②雾天。在大雾天的情况下，现场作业可见度低，智能识别摄像机识别率严重下降，此时码头作业也会暂停，一般雾天并不影响实际生产作业。

③夜间。主要受光照度的影响，不足时会导致识别率下降。首先查看异常图片，判断是否因车牌掉漆、箱号脏污等导致的其他因素；其次观察环境夜间光线问题，可至现场观察每个相机下面的补光灯是否正常工作；再次观察相机镜头是否脏污，摄像机镜处是否有异物附着。检查均正常后，查看摄像机参数是否调整为最佳状态。

④大风抖动。因大风导致相机晃动会严重影响识别效果，可先查看相机角度是否偏移，再通过软件优化提升识别率。

4-231　问：设备终端无法登录系统如何处理？

答： 当桥吊、集卡、正面吊设备终端无法登录系统时，可在中控调度管理菜单"需求管理"界面内进行报修，由中控人员在中控调度管理菜单内"桥吊终端登录""集卡终端登录""正面吊终端登录"三个界面进行远程协助并在系统内进行登录，确保系统内指令正常，若不能远程登录会导致以下异常。

①桥吊未登录系统，无法查看系统指令，系统也不会给集卡发送该桥吊的作业指令，即没有集卡会去该桥吊进行作业，也会影响桥吊驾驶员个人作业产量统计。

②集卡未登录系统，无法查看系统指令，会影响集卡驾驶员个人作业产量统计，但识别系统读取该车牌时会给桥吊发布对应车号作业指令。

③正面吊未登录系统，无法对集装箱进行任何操作，应立即更换终端。

此间正面吊需要应急作业时，可由中控人员通过远程登录进行操作坏箱移除及好箱置入。

4-232 问：三维码头堆场悬浮箱如何处理？

答：桥吊作业环节集装箱的精准定位是使用桥吊设备原有的绝对值编码器来测量小车位移与吊臂位移，通过新增激光测距仪来精确测量大车位移。当这些测量数据异常时，可能导致"三维码头"界面集装箱悬浮在半空的现象，如图 4-9 所示。

图 4-9　三维码头堆场悬浮箱异常图

三维码头堆场悬浮箱产生情况及具体处理流程如下。

① 当吊臂位移数据异常时，原应放置于一层的集装箱被误放置在二层，导致悬浮箱的产生。此时需根据实际情况，在三维码头界面修改集装箱位置，并对原有桥吊 PLC 系统进行检查，若异常，需进行故障修理。

② 当小车位移数据异常时，原应放置于 01 排集装箱被误放置在 02 排，此时 01 排 1 层有集装箱，而 02 排 1 层无集装箱，导致产生悬浮箱。此时需根据实际情况在三维码头界面修改集装箱位置，并对原有桥吊 PLC 系统进行检查，若异常，需进行故障修理。

③ 当激光测距仪数据异常时，原应放置于 01 贝位集装箱被误放置在 02 贝位，此时 01 贝位对应层有集装箱，而 02 贝位对应层无集装箱，导致产生悬浮箱。此时需根据实际情况在三维码头界面修改集装箱位置，并对新增激光测距仪进行检查，若异常，需进行故障修理。

④ 人工误删除底层集装箱，也会导致产生悬浮箱。此时仅需根据实际情况在三维码头界面新增被误删除的集装箱即可。

⑤ 添加集装箱。通过对应三维码头界面，选择"添加集装箱"功能键，

如图 4-10 所示，输入正确的集装箱箱号、贝位号、排号、层号，其中贝位号和排号由 2 位数字组成，如 01、02 等，层号由 1 位数字组成，如 1、2、3。输入正确内容后点击确定加入即完成添加。

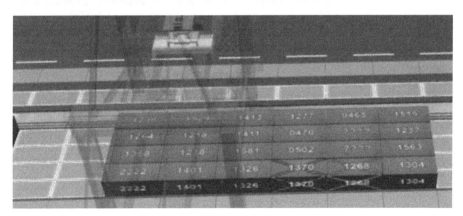

图 4-10　三维码头"添加集装箱"界面图

4-233　问：三维码头堆场问号箱如何处理？

答：问号箱是由于集装箱箱号数据获取异常导致的，会在箱子中间显示"????"，如图 4-11 所示。

图 4-11　三维码头堆场问号箱异常图

三维码头堆场问号箱产生情况及具体处理流程如下。

① 若智能识别系统出现异常，此时作业桥吊无法获取任何识别数据，所有堆场作业集装箱均为问号箱，待识别系统恢复后，通过码头堆场现场盘点录入正确的箱号。

② 若智能识别错误，即识别箱号结果不在系统设置集装箱的箱号范围内，此时可通过外部接口菜单"桥吊、道口 ICR"界面内查看对应集装箱照片，根据正确箱号在三维码头界面进行人工修复。

③ 在智能识别系统船舶装卸箱作业和码头堆场作业切换时，由于识别桥吊前伸距集装箱前箱号、后箱号、侧箱号和车顶号的摄像机均为球机，此时无法及时转动至有效识别区域，导致产生问号箱，在作业履历中仅半条"落箱"数据，且通过外部接口菜单"桥吊、道口 ICR"界面内无法查看对应集装箱照片，只能通过现场人员核对或视频监控获取集装箱箱号后，再在"三维码头"界面进行人工修复。

④ 由于智能识别仅在对集卡作业时触发识别，即在卸船堆场的情况下是不进行识别的，所以当船舶来港时装载的集装箱为问号箱时，此时对问号箱进行堆场作业时三维码头堆场就会产生问号箱，通过现场人员核对或视频监控获取集装箱箱号后，再在"三维码头"界面进行人工修复。

⑤ 集装箱信息更改。在"三维码头"界面直接双击问号集装箱，即可获取集装箱详情和"集装箱信息更改"界面，如图 4-12 所示。通过"集装箱信息更改"界面，在更改集装箱号栏"更改为新箱号"中输入正确箱号，确认后即可完成箱号修正。

图 4-12　三维码头堆场修改问号箱操作图

4-234　问：三维码头堆场集装箱分布与实际不符如何处理？

答：当系统运行过程中发生异常时会导致三维码头堆场集装箱分布异常，其中悬浮箱和问号箱比较容易被发现，可及时修正。但是对于箱号错误、缺箱未导致悬浮、多箱是很难被发现的，可通过定期现场盘点对三维码头内集装箱分布进行比对后，在系统内进行修正，具体操作流程如下。

① 错误箱号。可通过三维码头中"集装箱信息更改"界面进行处理，如图 4-12 所示。

② 缺箱未导致悬浮。可通过"添加集装箱"界面进行处理，如图 4-10 所示。

③ 多箱。也是通过三维码头中"集装箱信息更改"界面进行处理，"更改为新箱号"中直接缺省，点击确认修改，则会提示"是否确定删除该集装箱？"，如图 4-13 所示，确定后即可删除多余的集装箱。

图 4-13　三维码头堆场删除集装箱操作图

4-235 问：三维码头堆场集装箱误报坏箱如何进行修复？

答：目前集装箱坏箱误报只能在"三维码头"界面内进行修复，泊位计划、各类终端等均不支持修复，具体操作如下。

① 在"三维码头"界面中选中被误标记的集装箱，通过"集装箱信息更改"界面进行误报修复。

② 在"坏箱报告"栏中，选择"误报修复"后会提示"是否确定要误报修复？"，如图 4-14 所示，选择确认即可完成修复。

图 4-14　三维码头堆场集装箱误报修复操作图

4-236 问：船舶没有船期计划如何处理？

答：船期计划基于船舶定位系统，当定位系统出现异常或故障时，会导致船期计划异常或缺失，此时就需要对船期计划进行新增船期表。通过船舶管理菜单内"船期计划"右上角功能键进行新增，具体处理流程如下。

① 船号。选择未生成船期计划船舶船号，界面图如图 4-15 所示。

图 4-15 "新增船期表"界面图

② 生成业务选项。选择船号后，生成业务选项将被分为最近泊位计划、无泊位计划有箱号、无泊位计划空船，界面图如图 4-16 所示。各生成业务选项主要功能如下。

a.最近泊位计划。是系统内最近一次该船舶靠泊时装载集装箱的分布信息，此为最常用的选项。

b.无泊位计划有箱号。生成后该船舶满载集装箱箱数，但所装载集装箱都为问号箱，此情况用于最近泊位计划内无法找到对应记录，但需新增船期计划的船舶需满载重箱。

c.无泊位计划空船。船舶生成的船期计划装载分布内无集装箱，此情况用于空船来港需装载集装箱返航时使用。

③ 添加船期表数据。包括出发港口、船期状态、目的港口、线路、人工确定出发时间、预计到港时间、发布状态、计划停靠码头、船舶当前位置、备注。其中出发港口、线路、计划停靠码头、船舶当前位置为必填选项，可根据

图 4-16　船期计划"生成业务选项"界面图

实际情况进行选填，完成输入后点击"确认"键即可完成新增船期计划。

4-237　问：船舶没有泊位计划如何处理？

答：泊位计划是在船期计划的基础上根据船舶定位系统电子围栏设定范围生成的，若无船期计划是无法生成泊位计划的，当船舶定位系统异常时在规定电子围栏处没有触发会导致泊位计划未生成。通过船舶管理菜单内"泊位计划"界面右上角功能键"新增首靠"进行新增，具体处理流程如下。

① 新增泊位计划时必须有对应船期计划，界面会有"请先检查未完成的泊位计划和船期计划，可先选择船号进行检查，再确认新增"的提示文字，如果没有未完成的船期计划，则无法新增泊位计划，检查内容为"暂无数据"。"新增泊位计划报告"界面图如图 4-17 所示。

图 4-17　"新增泊位计划报告"界面图

② 新增泊位计划报告时，系统将先检查未完成的泊位计划和船期计划再确认新增，即检查此船是否有未完成（除离港状态外）的泊位计划，有则列出未完成的泊位计划列表，界面图如图 4-18 所示，同时报告警示信息："此船在本港有未完成的泊位计划，不能新增泊位计划，只能新增移位泊位计划！针对实际已完成的泊位作业，出错的泊位计划可进行终止"。只有操作"未完成泊位计划终止"键终止对应行的泊位计划后，再按确定键来重新计算（注：必须是所有的未完成泊位都被终止才能使确认新增）。对于目前作业的泊位计划，则无法新增，只能按返回键退出。

图 4-18　"未完成的泊位计划"界面图

③ 如果无未完成的泊位计划，系统将检查是否有未完成的对应泊位计划已靠泊确认或触发船期完成的数据信息，及未有对应的泊位计划的船期表，如有则倒序列出未完成的船期表，自动选择最新的船期表行，即只能对最新船期新增泊位计划，同时报告出警示信息："可按照最新船期表新增泊位计划、其他未完成的船期表将被自动置为完成"。在异常情况下，如果要对过去船期生成泊位计划，需先将最新船期计划进行手动删除。按确认键将在表格新增一行，将船号、集装箱装载分布等信息代入，在保存此泊位计划时将其他未完成的船期表自动置为完成。

4-238 **问：泊位计划顺序错误如何处理？**

答：泊位计划顺序异常将导致发布船舶靠泊指令顺序异常，具体处理流程如下。

① 大多数是由于船舶定位系统异常导致的，选中泊位计划中顺序异常的船舶，通过界面右上方功能键"上移""下移"进行操作。若待修改顺序的船舶已发布靠泊指令或已靠泊确认时，需先取消靠泊，再取消指令发布，将船舶

顺序调整正确后，手动发布靠泊指令。

②　新增的泊位计划生成时在已生成泊位计划下方，选中新增的船舶，通过界面右上方功能键"上移""下移"进行操作，调整至正确顺序即可。若调整后需要立即发布船舶靠泊作业指令，需人工手动进行发布，若不需要立即发布靠泊指令则系统会根据作业顺序自动发布。

4-239　问：泊位计划中移位计划异常如何处理？

答：在老港码头作业的泊位计划中移位计划一般是指重船卸箱完成后至指定的空箱桥吊进行装箱的计划指令，也可为在相同作业方式下，如卸重箱或装空箱，通过移位进行靠泊贝位的调整。移位计划异常时可通过泊位计划界面右上方功能键"快速移位"或"新增移位"进行操作，具体处理流程如下。

①　快速移位。必须有泊位计划，在泊位计划中首先选择需要移位的船舶，通过泊位计划界面右上"快速移位"功能键对该船舶当前作业的泊位计划基准贝位、工作桥吊、作业方式进行显示，可设置移位后的基准贝位，界面图如图 4-19 所示。若缺省为系统设置的原基准贝位，设置移位基准贝位需在此桥吊的作业贝位范围内，作业方式默认为对应桥吊出勤的作业方式。确认后系统自动将原泊位计划设置为离泊，并新增一条新的移位的泊位计划，同时发布此移位泊位计划和自动靠泊确认。快速移位一般用于多船同时靠泊，作业繁忙的时间段内。其优点为简化操作流程，中控人员无需再次发布船舶移位指令，船舶驾驶员也不用进行移位确认，均由中控人员进行一键操作；缺点是中控人员在确认快速移位时需配合船舶靠泊完成情况，由于快速移位确认后是自动进行靠泊确认，容易导致船舶实际还未靠泊完成，集卡作业就发布海侧指令，实际还需等待船舶移位完成方可作业。

快速移位确认

船号：虎林沪环运货5016

| 当前

基准贝位：57　　　工作桥吊：10号吊　　　作业方式：卸重箱

| 移位

工作桥吊：10号吊　　　基准贝位：57

取消　确定

图 4-19　"快速移位确认"界面图

②　新增移位。操作同新增泊位计划，点击"泊位计划"界面右上角"新增移位"功能键，界面会有"检查是否有对应的泊位计划和移位泊位计划"的

提示文字，如果没有未完成的泊位计划，则无法新增泊位移位计划，检查内容为"暂无数据"。所以在新增泊位移位计划时，系统将先检查未完成的泊位计划，即检查此船是否有未完成（除离港状态外）的泊位计划，有则列出未完成的泊位计划列表，界面图如图 4-20 所示，同时报告警示信息："在同作业方式中有未靠泊确认的泊位计划时，将不能生成新的泊位计划或移位泊位计划！"。即同一作业方式下，如卸重箱或装空箱，新增泊位计划时要检查是否已有计划状态的泊位计划，有则报告提示"有未靠泊的泊位计划，不能新增移位计划"。若需对同作业方式中有未靠泊确认的泊位计划进行移位时，需先取消指令发布，修改需要靠泊桥吊及贝位号，再次进行发布，由船舶驾驶员靠泊完成后在船舶终端进行移位确认即可完成移位操作。对于已靠泊确认的船只进行移位时，通过选择船号点击"确认新增"输入移位信息即可完成。其优点是确认靠泊由船舶驾驶员实际靠泊完成后通过终端确认移位，精确发布集卡作业指令；缺点是操作比较烦琐，耗时长。

图 4-20 "新增移位泊位计划报告"界面图

③ 作业方式若是边装边卸，一般是不用移位作业的，若需对靠泊贝位进行调整，快速移位和新增移位功能均可使用。

4-240 问：船舶未操作终端导致异常如何处理？

答：船舶确认是由船舶驾驶员在终端处手动进行操作的，可分为重箱卸船未靠泊确认、移位未确认、离泊未确认，具体处理流程如下。

① 重箱卸船未靠泊确认。由于重箱指令只有动态呼叫是精确指令，所以船舶未靠泊确认，集卡驾驶员仍可凭桥吊作业繁忙程度自由分配作业桥吊，但此时桥吊终端会发布"船舶未靠泊确认"文字及语音提示，若桥吊驾驶员仍继续作业，会导致以下异常。

a. 桥吊作业卸船堆场的集装箱为问号箱，主要是因为智能识别只对集卡作业时才会触发，所以卸船堆场是不进行箱号识别的，当船舶未靠泊时，系统无法获取靠泊船只的集装箱分布信息，无法匹配作业集装箱具体箱号。此异常只能通过现场人员核对或视频监控获取集装箱箱号后，再在"三维码头"界面进行人工修复。

b. 当餐饮箱动态呼叫时，不会发布呼叫精确指令，主要是因为船舶未靠泊，系统无法获取靠泊船只的集装箱分布信息，无法匹配预作业集装箱具体箱号，导致动态呼叫指令不发送。此异常发生后无法及时拦截，只有当集卡在出口处被识别后，若仍满足动态呼叫数量则发布对应卸点指令。若动态呼叫数量已满，则会通知集卡驾驶员"没有动态呼叫，不可去处置场，请联系中控"提示指令，此时集卡只能重新返回码头更换集装箱，此处还需人工进行指挥。

c. 重箱卸船未靠泊确认还会导致系统内该船舶集装箱分布不会自动扣除，当移位指令发布时，该船为满载情况，需中控人员手动删除所有集装箱再进行靠泊，否则会导致靠泊后集装箱分布数据异常。

② 移位未确认。同一桥吊作业移位未确认将导致该船舶集装箱分布数据偏移或被覆盖，中控人员需根据桥吊作业履历内数据结合船舶装箱顺序进行手动修正；若不是同一桥吊，船舶移位未确认会导致该船舶集装箱分布缺失移位后数据，如图 4-21 所示。由于船舶未确认靠泊，导致集装箱落箱时船号、船舶位置未知，此时中控人员需根据桥吊作业履历内落箱箱号数据结合船舶装箱顺序进行手动修正。

	落箱				
时间	落箱箱号	船号	船舶位置	集卡号	堆场位置
19:25	6067		？？0？		
19:23	1228		？？0？		
19:20	6063		？？0？		
19:18	0639		？？0？		
19:15	2310		？？0？		
19:13	1493		？？0？		
19:12	0605		？？0？		
19:11	1435		？？0？		
19:09	2397		？？0？		
19:08	2821		？？0？		
19:06	1664		？？0？		
19:04	1715		？？0？		
19:03	2864		？？0？		
19:01	1585		？？0？		
19:00	2847		？？0？		

图 4-21　船舶未靠泊确认桥吊作业履历异常图

③ 离泊未确认。当船舶驶入电子围栏处可触发自动离泊，也可通过后船靠泊确认使前船被动离泊，中控人员在船舶管理菜单内泊位计划界面右上角"强制离港"功能键也可进行操作。

4-241 问：船舶提前操作终端导致异常如何处理？

答：船舶靠泊指令是根据前船待作业集装箱箱数到一定额定数值时进行发布的。船舶确认一般在实际靠泊完成后在操作终端进行，但当船舶驾驶员在接收到指令时误操作，提前靠泊时会发生系统数据异常。异常内容分为重箱卸船靠泊提前确认、移位提前确认、离泊提前确认，具体处理流程如下。

① 重箱卸船靠泊提前确认。会导致前船未作业集装箱滞留船舶装载分布内，提前靠泊船只系统作业集装箱数大于船舶实际装载数，此时动态呼叫或卸船堆场集装箱箱号将发生异常，因为智能识别只对集卡作业时才会触发。当船舶提前靠泊时，系统内自动完成前船作业计划，作业集装箱按提前靠泊船只装载分布进行发布集卡指令，而实际前船仍在作业。发生此异常时对已发布的集卡作业指令需现场人工进行指挥，中控人员对误靠泊船只进行取消靠泊，通过"泊位计划"界面"快速移位"功能键对前船进行移位确认，恢复原来泊位计划，并手动删除船舶装载内提前靠泊时已作业的集装箱箱号。

② 移位提前确认。若同一艘船舶在相同桥吊下移位提前确认，并不会对系统数据产生影响。若两艘不同船舶或需移位到其他桥吊作业时，则会导致前船集装箱装载分布内缺箱，而提前移位确认的船舶集装箱装载分布部分箱号与实际不符。由于移位提前确认，系统内自动完成前船作业计划，将集装箱放置于移位提前确认的船舶集装箱装载分布内，而实际前船仍在作业。发生此异常时对已发布的集卡作业指令需现场人工进行指挥，中控人员对提前靠泊船只取消靠泊，通过"泊位计划"界面"快速移位"功能键对前船进行移位确认，恢复原来泊位计划，并手动添加前船集装箱装载分布已作业的集装箱箱号，删除移位提前确认船舶集装箱装载分布内误放置的集装箱箱号。

③ 离泊提前确认。当船舶驾驶员在终端内操作"离泊确认"时，系统将完成此船舶作业泊位计划，生成对应泊位计划履历，但实际该船舶仍在继续作业，该船舶的集装箱装载分布内将缺箱，此时中控人员需重新生成移位计划进行靠泊确认，并在船舶集装箱装载分布内新增缺失的集装箱箱号。

4-242 问：船舶延后操作终端导致异常如何处理？

答：船舶靠泊指令是根据前船待作业集装箱箱数到一定额定数值时进行发

布的，船舶确认一般在实际靠泊完成后再操作终端进行，但若船舶驾驶员在接收到指令时未及时操作终端，桥吊终端会发布"船舶未靠泊确认"文字及语音提示。若桥吊驾驶员仍继续作业，会发生系统数据异常。异常内容分为重箱卸船延后靠泊确认、移位延后确认、离泊延后确认，具体处理流程如下。

① 重箱卸船延后靠泊确认。会导致该船舶重箱作业完成后集装箱装载分布内滞留重箱集装箱，但实际已全部卸载，此时中控人员需手动删除船舶装载内滞留的集装箱箱号。

② 移位延后确认。会导致船舶集装箱装载分布缺失，若前船未操作"离泊确认"，则会将前船集装箱装载分布内正确箱号误覆盖，导致前船装载数据异常。此时中控人员需手动在移位延后船舶集装箱装载分布内新增已作业集装箱箱号，并修正前船误覆盖的集装箱箱号。

③ 离泊延后确认。当船舶驶入电子围栏处可触发自动离泊，也可通过后船靠泊确认使前船被动离泊，中控人员在船舶管理菜单内"泊位计划"界面右上角"强制离港"功能键也可进行操作。

4-243 问：船舶未按指令靠泊导致异常如何处理？

答：若船舶未按泊位计划发布的指令进行靠泊，此时桥吊终端会发布系统靠泊船只作业贝位号及船号，若桥吊驾驶员仍继续作业，会发生系统数据异常。异常内容分为重箱卸船靠泊错误、移位错误，具体处理流程如下。

① 重箱卸船靠泊错误。当船舶靠泊桥吊基准贝位号错误时，会导致动态呼叫或卸船堆场集装箱箱号发生异常，因为智能识别只对集卡作业时才会触发。当船舶靠泊错误时，系统内指令发布作业集装箱箱号与实际作业均不符，此时对已发布的作业指令需人工进行现场指挥，中控人员按船舶实际靠泊位置通过"泊位计划"界面"快速移位"功能键对船舶进行移位确认，也可以指挥船舶根据发布指令重新靠泊。另外，船舶重箱作业完成后集装箱装载分布内会滞留重箱集装箱，但实际已全部卸载，此时中控人员需手动删除船舶装载内滞留的集装箱箱号。

② 移位错误。会导致船舶集装箱装载分布误覆盖或缺失，此时中控人员按船舶实际靠泊位置通过"泊位计划"界面"快速移位"功能键对船舶进行移位确认，并在船舶集装箱装载分布内修正或补录船舶缺失或误覆盖的集装箱箱号。

4-244 问：船舶集装箱转载分布发生异常如何处理？

答：船舶集装箱转载分布层分为船舱贝位号、行号、层号。桥吊作业环节集装箱精准定位是指使用桥吊设备原有的绝对值编码器来测量小车位移与吊臂位移，和通过新增激光测距仪来精确测量大车位移。所以当船舱贝位号和行号发生异常时，需对桥吊 PLC 和激光测距仪进行检修。但在桥吊对船舶作业时，由于河流受潮汐影响，水位会发生明显的涨落，此时通过吊臂位移无法正确判断船舶作业时的层高。当重箱、空箱桥吊作业时层号发生异常时，具体处理流程如下。

① 重箱卸箱作业。根据船舶来港的集装箱装载分布情况，通过激光测距仪和小车位移获取已靠泊船舶当前桥吊作业的贝位号和行号。同一贝位和行号有 2 层，放置 2 个集装箱。卸箱作业从上层开始，即第 02 层，故船舶作业贝位号和行号为测量值，而层号为逻辑值。当来港船舶集装箱装载分布缺箱时，若 2 层无集装箱，则此贝位第一个起吊集装为 1 层集装箱；若实际为 2 箱，桥吊再次起吊时为问号箱，会导致动态呼叫或卸船堆场箱号发生异常。此时对已发布的作业指令需人工进行现场指挥，堆场问号箱需人工确认箱号后在"三维码头"界面进行修正。

② 空箱装箱作业。和重箱原理相同，船舶作业贝位号和行号为测量值，层号为逻辑值。通过激光测距仪和小车位移获取已靠泊船舶当前桥吊作业的贝位号和行号。同一贝位和行号有 2 层，放置 2 个集装箱，装箱作业从下层开始，即 01 层。完成第一层作业后，放置上层，即 02 层。如图 4-22 所示，其中船舶位置第一条数据"01 01 02"表示船舱 01 贝位、01 行、02 层，此船舱 01 贝位共 3 行 2 层，根据异常图片"01 01 02""01 02 02""01 03 02"位置被放置了 2 次，导致先作业的集装箱被后作业的集装箱误覆盖，即箱号 2393 被 2598 覆盖、0616 被 0458 覆盖、0648 被 0523 覆盖。发生此异常的主要原因是，船舶在移位确认靠泊时，船舶集装箱装载分布内有滞留重箱集装箱，而实际已全部装卸完成，在桥吊空箱装箱时，若 01 层已有集装箱，系统不会对 01 层集装箱进行覆盖，只会不断覆盖 02 层集装箱。所以当船舶在重箱卸箱时发生未靠泊、晚靠泊、靠错等情况，在泊位计划内一定要删除所有滞留集装箱，确保空箱作业时能正常进行放置。

落箱					
时间	落箱箱号	船号	船舶位置	集卡号	堆场位置
08:54	2589	5001	01 01 02		
08:53	0523	5001	01 02 02		
08:52	0458	5001	01 03 02		
08:51	0648	5001	01 02 02		
08:49	0616	5001	01 03 02		
08:48	2393	5001	01 01 02		

图 4-22　船舶集装箱装载分布桥吊作业履历异常图

4-245 问：如何修改船舶集装箱装载分布内异常箱号？

答：桥吊对船舶作业时，各种系统异常或硬件故障都会导致船舶集装箱装载分布错误，主要可分为缺箱和问号箱，中控人员可在船舶管理菜单内通过"泊位计划"或"泊位计划履历"界面中对装载分布异常进行修复。当集装箱装载异常时，通过"泊位计划"界面仅在船舶靠泊作业时间段内可操作修正箱号。当船舶作业完成离港后就会生成对应的泊位计划履历，此时可在"泊位计划履历"界面中进行事后修正。由于"泊位计划"界面中不会对集装箱装载分布异常进行提示，所以一般情况下集装箱装载异常无法在船舶作业时就被立即发现，但在"泊位计划履历"界面中会对装载分布异常的船舶标记为红色，方便中控人员处理异常。具体处理流程如下。

① 通过双击"泊位计划"界面内船舶的"载箱数"或"泊位计划履历"界面内异常数据行，均可查询对应船舶已装载集装箱分布情况。如图 4-23 所示为"泊位计划履历"界面内异常图，集装箱装载分布图如 4-24 所示。

泊位计划号	船号	载箱数	计划到港	实际到港	离港时间	码头	靠泊序号
BP202212261063	沪环运货6002	29	12-26 17:44:00	12-26 19:34:58	12-27 16:28:55	老港东码头	49201
BP202212261062	虎林沪环运货5018	24	12-26 16:45:02	12-26 19:31:59	12-27 13:13:59	老港东码头	49198

图 4-23　"泊位计划履历"界面内异常图

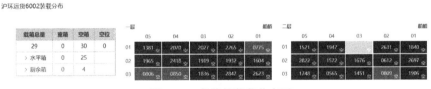

图 4-24　集装箱装载分布图

② 查询正确集装箱箱号。通过统计追溯菜单内"桥吊作业履历"界面查看作业信息。如图 4-25 所示，"04 01 02"位置被放置了 2 次，由此可初步判断可能是由于断激光测距仪异常导致贝位偏移，即实际 03 贝位作业集装箱被放置于 04 贝位，导致系统内 04 贝位集装箱多作业 1 箱，箱号 1861 被 1947 误覆盖，而 03 贝位集装箱则缺少 1 箱。根据桥吊作业规范集装箱装船顺序进行比对，"04 01 02"位置正确箱号应为 1861，"03 01 01"位置正确箱号应为1947，"03 01 02"位置正确箱号应为 2027。

落箱					
时间	落箱箱号	船号	船舶位置	集卡号	堆场位置
14:33	1947	6002	04 01 02		
14:31	2472				04 05 01
14:29	1861	6002	04 01 02		
14:27	1572	6002	04 02 02		
14:26	0565	6002	04 03 02		
14:23	2031				05 06 02
14:22	2418	6002	04 02 01		
14:18	0850	6002	04 03 01		
14:16	0786				05 06 01
14:14	2070	6002	04 01 01		

图 4-25　沪环运货 6002 桥吊作业履历图

③ 修正正确箱号。通过图 4-24 所示的集装箱装载分布图，点击被误覆盖"04 01 02"位置，即会弹出"编辑船箱"界面，如图 4-26 所示，在箱号栏内删除错误箱号，输入正确箱号 1861，确认后即可修正。注意：在修正过程中，同贝位同行内 01 层必须有集装箱才能添加 02 层箱号；另外"编辑船箱"界面是无法修改贝位号、行号、层号的，对错误箱号需要更换位置时，如箱号 2027 需从"03 01 01"位置调整至"03 01 02"，应先修改 01 层集装箱箱号为 1947，再新增 02 层集装箱箱号 2027。若修改箱号在船舶装载分布内已存在，系统无法操作并提示"该箱号已使用"。

图 4-26　"编辑船箱"界面图

4-246　问：超时后为何泊位计划履历内无法修改船舶装载分布？

答：沪环运货 6011 装载分布图如图 4-27 所示。在"泊位计划履历"界面中当船舶已离港超过 5h 是无法对船舶装载分布再进行编辑的，因为船舶一般离港 5h 后就可以到达上游基地，并生成对应泊位计划开始作业，此时修改船载分布将影响其他码头作业计划，所以要及时对异常船舶装载分布进行修正，避免超时现象的发生。

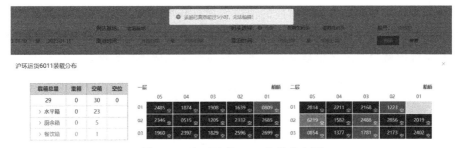

图 4-27　沪环运货 6011 装载分布图

4-247 　问：为何集装箱装载异常但泊位计划履历内未提示？

答：泊位计划履历内对集装箱装载异常提示仅支持问号箱和缺箱，对于重箱滞留、箱号错误等异常是无法判别的，这些异常需要通过查询作业履历和数据比对才能发现，具体处理流程如下。

① 重箱滞留。由于重箱桥吊系统软硬件故障或船舶靠泊异常导致在船舶移位时集装箱装载分布内有滞留的重箱，而实际船舶已卸空。且移位计划发布后，中控人员也未操作删除滞留集装箱，当空箱作业时底层滞留集装箱会被留下，导致该船舶装载分布错误。此时可通过桥吊作业履历界面进行查询，根据桥吊驾驶员作业规范，对错误箱号进行修正。

② 箱号错误。当智能识别异常时会导致集装箱箱号识别错误，若识别结果不在集装箱箱号范围内将显示问号箱，系统会进行提示。但当错误识别结果在集装箱箱号范围内时，系统是无法判断对错的，所以在这样的情况下系统不会对此船舶进行异常提示，此时需要人工比对外部接口菜单"桥吊、道口ICR"界面内对应图片的箱号信息，才能判断是否识别错误。

4-248 　问：泊位计划履历相同船号为什么会有连续两条或以上记录？

答：如图 4-28 所示，船舶离港后在泊位计划履历内生成了 2 条记录，这种情况是因为该船舶在空箱作业时进行了移位作业。如图 4-29 所示，船舶对应的移位信息，沪环运货 5001 先靠泊 2 号桥吊，后移位至 3 号桥吊，由于泊

船号	载箱数	计划到港	实际到港	离港时间	码头	靠泊序号	作业方式	实际贝位	实际桥吊
沪环运货5001	24	01-09 23:00:51	01-10 07:24:57	01-10 16:45:55	老港东码头	49765	卸重箱	47	5号吊
沪环运货5001	24	01-09 23:00:51	01-10 07:24:57	01-10 16:45:55	老港东码头	49765	卸重箱	47	5号吊

图 4-28　沪环运货 5001 泊位计划履历

位计划中每个船舶在作业时对应的泊位计划具有唯一性，因此在船舶实际作业需要移位时，需将原泊位计划设置为离泊才能新增一条新移位的泊位计划，此时在系统内就会生成 2 个数据，若多次移位则会生成多个数据。

码头	集泊序号	作业方式	实际贝位	实际桥吊	计划	实际	船舶确认	中控确认	船舶状态	修改时间
						移位				
老港东码头	49787	装空箱	24	3号吊	01-10 15:17:34	01-10 15:17:34		√	离港确认	01-10 16:47:00
老港东码头	49782	装空箱	15	2号吊	01-10 13:37:11	01-10 14:36:52	√		离港确认	01-10 16:47:00

图 4-29　沪环运货 5001 泊位计划履历移位作业记录图

4-249　问：当智能识别数据异常时如何在系统内进行修正？

答：智能识别异常时会导致集装箱箱号、集卡车号异常，一般可通过外部接口菜单"桥吊、道口 ICR"界面查询异常数据的对应照片，如图 4-30 所示。经过实际作业图片可获取正确箱号或车号信息，具体操作界面及流程如下。

桥吊道口icr									
基地：　　　　码头：　　　　日志类型：　　　　集装箱号：　　　　集卡车号：									
处置标志：　　　　对象名称：　　　　作业日期时间：　　　至　　　　查询　　点检　　重置									

对象名称	日志类型	ip地址	作业日期时间	集装箱号	集卡车号	读取时间	处置标志	集箱照片	集卡照片
老港东入闸口	道口	010	2023-02-01 13:51:11	CTHJ1788	LG1988	2023-02-01 13:51:11	应用读取	查看图片	查看图片
老港东出闸口	道口	012	2023-02-01 13:50:37	CTHJ2680	LG1981	2023-02-01 13:50:37	应用读取	查看图片	查看图片
老港东入闸口	道口	010	2023-02-01 13:50:18	CTHJ6043	LG1992	2023-02-01 13:50:19	应用读取	查看图片	查看图片
老港东入闸口	道口	010	2023-02-01 13:49:51	CTHJ2164	LG1990	2023-02-01 13:49:52	应用读取	查看图片	查看图片
老港东#4	桥吊	104	2023-02-01 13:49:40	CTHJ2680	1981	2023-02-01 13:49:41	应用读取	查看图片	查看图片
老港东入闸口	道口	010	2023-02-01 13:48:56	CTHJ6045	LG1966	2023-02-01 13:48:57	应用读取	查看图片	查看图片
老港东#3	桥吊	103	2023-02-01 13:48:52	CTHJ6194	1981	2023-02-01 13:49:07	应用读取	查看图片	查看图片
老港东入闸口	道口	010	2023-02-01 13:48:21	CTHJ6194	LG1981	2023-02-01 13:48:22	应用读取	查看图片	查看图片
老港东出闸口	道口	012	2023-02-01 13:47:14	CTHJ6088	LG2007	2023-02-01 13:47:15	应用读取	查看图片	查看图片

图 4-30　"桥吊、道口 ICR"界面图

（1）集装箱箱号修正界面及流程

① 船舶管理菜单中"泊位计划""泊位计划履历"界面。可对已装船或离

港但未满 5h 的集装箱箱号进行修正，通过"船舶装载分布"界面进行编辑，输入正确箱号即可完成修正。

② "三维码头"界面。可对码头堆场或正在作业船舶集装箱箱号进行修正，通过在界面选中待修正的集装箱，在集装箱信息更新框内进行编辑，输入正确箱号即可完成修正。

③ 系统指令程序"生物能源处理作业记录"界面。可对已完成生物能源再利用中心一期的集装箱箱号进行修正，通过"修改箱号"功能键，输入正确箱号即可完成修正。

④ 报表管理菜单中"处置履历"界面。可对已完成生物能源再利用中心二期卸料作业的集装箱箱号进行修正，通过作业履历栏中"编辑"功能键，输入正确箱号即可完成修正。

⑤ 船舶管理菜单中"紧急指令"界面。可对正在码头作业集卡车辆装载的集装箱箱号进行修正，若驶离码头出口道闸则无法再修改，通过该界面选中待修正的集装箱，在"信息查看修改"界面内进行编辑，输入正确箱号即可完成修正。

⑥ 中控调度管理菜单中"异常处理"界面。可对系统已触发的异常箱号进行修正，通过"异常处理"界面，输入正确箱号即可完成修正。

（2）集卡车号修正界面及流程

① 船舶管理菜单中"紧急指令"界面。可对正在码头作业的集卡车辆车号进行修正，若驶离码头出口道闸则无法再修改，通过该界面选中待修正的车号，在"信息查看修改"界面内进行编辑，输入正确车号即可完成修正。

② 中控调度管理菜单中"异常处理"界面。可对系统已触发的异常车号进行修正，通过"异常处理"界面，输入正确车号即可完成修正。

4-250 问：**系统指令延迟如何处理？**

答：发生系统指令延迟的具体原因如下。

① 终端设备。判断是个别还是大多数终端接收指令延迟，若是个别现象，可能为终端 4G 卡异常或终端设备故障引起指令延迟现象。

② 网络情况。可用"ping"命令查询网络使用情况，当超过 2000ms 时就会发生延迟现象，此时需对网络、基站等运行状态进行检修。

③ 队列消息堵塞。当控件处理排队时，队列消息"Ready"的累计数超过 10 个时就会发生堵塞的情况，可通过对应页面进行重启修复。

④ 数据量突然增大。这会导致系统运行处理不及时，通过分析增大数据

量的峰值，排查故障原因，进行系统恢复。

⑤ 智能识别系统延迟。这会导致系统指令计算延迟，此时需对识别系统运行状态进行排查。

⑥ 数采工控机软件进程异常。通过关闭、重启异常软件进程进行修复。

4-251 **问：集卡指令异常如何处理？**

答：集卡指令可分为重箱指令、卸点指令、空箱指令，若系统指令大批量发生异常，此时现场作业需人工进行指挥，运维人员通过对软件、硬件及网络等进行故障排查。主要故障有：识别设备摄像机镜头脏污或被遮挡、识别设备或服务器故障、电力网络故障、交换机故障、基站故障等，可根据不同故障进行维修。由于识别错误、信号差等发生的个别指令异常，其主要处理流程如下。

① 重箱指令。目前所有作业集卡车辆为全能车，无需对集卡强制性指定作业桥吊进行作业，所以除餐饮箱动态呼叫的情况外，其他箱型均可装卸。重箱指令异常具体可分为以下两种情况。

a.集卡未收到任何指令。集卡驾驶员缓慢行驶，观察前方作业桥吊是否跨车道作业，若跨车道作业必须停车等待。在桥吊吊装时注意观察吊装集装箱箱号，非餐饮箱可在装卸完成后直接驶离码头，若作业集装箱为餐饮箱，需呼叫中控室进行确认，确认无误方可驶离码头。

b.集卡收到错误指令。重箱指令分为动态呼叫精准指令和提示性作业指令。其中动态呼叫指令内容为"餐饮箱动态呼叫，海侧/陆侧作业"。若桥吊作业集装箱非餐饮箱，集卡驾驶员无需马上报告中控室，因为集装箱落箱装车后会重新进行识别，并不影响出口卸点指令，可正常作业。提示性作业指令内容为"今日重箱作业×号桥吊、×号桥吊"，指令发布的桥吊号需桥吊驾驶员在终端内进行登录后才可生成。若指令提示的桥吊未作业，集卡驾驶员可通知中控室，由中控人员检查系统内是否误登录等情况的发生，并对系统进行修正。

② 卸点指令。发布集卡处置卸点，由于集装箱会被标记"箱实不符"，所以所有集卡都需要获取卸点指令。卸点指令异常具体可分为以下两种情况。

a.集卡未收到任何指令。根据《老港码头出入道闸集卡行驶规范》内容，在等待指令接收区域内，报告并等待中控室发布紧急指令。

b.集卡收到错误指令。一般错误指令是由于识别或补偿异常引起的，错误指令不易被发现，所以当集卡收到动态呼叫指令时，可核对集装箱箱型与卸点是否匹配，发现异常可及时联系中控室。

③ 空箱指令。发布坏箱、维修箱及返箱指令，所有集卡都需要获取空箱指令。空闲指令异常具体可分为以下两种情况。

a.集卡未收到任何指令。根据《老港码头出入道闸集卡行驶规范》内容，在等待指令接收区域内，报告并等待中控室发布紧急指令。

b.集卡收到错误指令。一般错误指令是由于识别或补偿异常引起的，且入口识别指令获取与空箱作业桥吊距离比较近，错误指令更不易被发现。若集卡驾驶员可及时发现异常则报告中控室等待紧急指令，反之系统在极端情况下也会发布"集装箱强制上船"指令，所以当集卡收到错误指令未及时发现时也可根据指令进行作业。

4-252　问：桥吊指令异常如何处理？

答：桥吊指令可分为重箱指令、空箱指令，当系统指令大批量发生异常时，同上问处理流程。由于其他原因导致的个别指令异常，其主要处理流程如下。

① 重箱指令。只有在餐饮箱动态呼叫的情况下，桥吊才会收到重箱指令，其余箱型只需要按桥吊作业吊装规范进行操作即可。餐饮箱外貌与其他集装箱不同，桥吊驾驶员在作业时极易进行分辨。若待作业集装箱为餐饮箱，桥吊终端未收到作业指令或收到错误指令时，桥吊驾驶员需与中控室进行确认后方可进行作业。

② 空箱指令。桥吊作业也包括坏箱、维修箱及返箱指令，所以未收到作业指令或收到错误指令时，桥吊驾驶员需与中控室进行确认后方可进行作业。

4-253　问：码头出口识别正确为何卸点指令会发布错误？

答：码头出口识别使用强制补偿机制，主要通过应用高识别率的数据补偿低识别率的环节，即用重箱桥吊处识别的数据信息补偿码头出口识别，以此提升识别率。但重箱桥吊处识别率无法达到100％，当识别异常时，就算出口处识别正确，也会被补偿为错误数据，导致指令发布错误。

4-254　问：为什么卸点已拥堵系统仍发送该卸点指令？

答：卸点指令计算逻辑是根据指令程序内处置场参数配置进行计算后分配的，而处置场参数仅对最大处置量、内部集卡进入数、箱型等进行定义。再生能源利用中心一期、二期除了集运作业车辆外，还会有其他散装车辆和外来陆运垃圾清运车辆进行卸料作业，而这些车辆进入卸点，系统是无法有效判断拥堵情况的，此时就会发生卸点已拥堵，但系统仍然发送该卸点的指令。此时，中控人员可通过调整处置场参数配置，减少集卡最大进入数来调整车辆进入卸点数量。

4-255 问：为什么箱实不符的集装箱没有作业就被还原？

答： 每个集装箱的适装垃圾类型都是唯一的，箱实不符作为一次性标记。当集装箱的适装垃圾类型被标记箱实不符后，在老港各末端处置卸点指令会分配到托底处置场进行卸料作业。卸料完成后，在进口道闸识别集装箱箱号并对箱实不符集装箱复原为理论箱型。但偶尔会发生误还原现象，导致卸点指令没有提示箱实不符，按理论箱型发送指令，导致异常的产生。被误还原的情况如下。

① 识别错误。由于视频识别率无法达到 100％，当箱实不符集装箱被标记但还未作业时，在此期间若进口道闸处另一集装箱被误识别为箱实不符的集装箱，此时就会被误还原。所以在每条船舶靠泊时，中控人员可通过船舶管理菜单内"出港箱实不符"界面查看箱实不符集装箱是否有被还原的记录，但此界面只能查询船舶上集装箱的信息，若是已卸船堆场的集装箱则无法进行查询。

② 装载箱实不符，集装箱船舶在前端物流码头进行靠泊确认。当箱实不符集装箱被标记但还未作业时，在此期间若该箱号所在的船舶在物流码头靠泊确认，此时认为该集装箱已作业完成且返回，箱实不符也会被误还原。发生此现象的主要原因有以下两种情况。

a. 船员离开老港码头时集装箱识别错误，当此船只进行靠泊确认时就会被误还原。

b. 物流船只手动生成船期计划时操作错误，如船舶需要空船维修等特殊情况发生时，若修理结束重新投入作业，由于船舶修理航线路径与原系统设定的作业路径不一致，无法触发船期计划自动生成，需要手动添加船期计划、泊位计划方可进行作业。在船期计划添加时应选择"无泊位计划空船"，此时若误选择"最近泊位计划"则会生成最近一次集装箱作业的装载分布，而实际该船舶为空船。当该船舶靠泊确认时，若船上装载分布内有集装箱箱号此时被标记了箱实不符，当船只靠泊确认时就会被误还原。

4-256 问：为什么已标记箱实不符指令却没有提示？

答： 当作业集装箱标记为箱实不符时，集卡卸点指令为"××××箱实不符，请前往托底处置场"，但由于识别错误、箱实不符误还原的情况发生时，集卡会收到正常的作业指令，导致异常的发生。

① 识别错误。当重箱桥吊将箱实不符的集装箱箱号识别错误时，强制补偿给出口识别导致卸点指令异常发生。

② 箱实不符提前误还原。由于箱实不符集装箱提前被系统误还原，卸点指令以正常集装箱发布作业指令。

③ 未完成箱实不符标记。箱实不符是通过船舶管理菜单内"出港箱实不符"界面对应"箱实不符箱"栏内进行操作的，首先需更改适装垃圾的垃圾类型，再点击处理才能完成标记。若只更改了适装垃圾类型而未进行处理，系统在卸点指令时是不会进行箱实不符提示的。

4-257 问：动态呼叫发布后为何不能及时送料？

答：如图 4-31 所示，在"动态处置呼叫"界面内统计了各码头上厨余、餐饮重箱数量，当各处理线需求物料时可通过设置"呼叫箱数"进行动态呼叫。但有时集卡并不一定能及时送达，主要是因为码头桥吊驾驶员对船舶或堆场作业时必须根据吊装作业规范进行作业。若被呼叫的集装箱位于船舶或堆场下层，此时桥吊驾驶员不能进行挑箱或挖箱等作业，只能按序逐个对集装箱进行吊装，导致延误的现象发生。

| 动态处置呼叫 | | | × ＋ － | |

东码头：堆场厨余重箱：4　　堆场餐饮重箱：2　　船上厨余重箱：4　　船上餐饮重箱：6
北码头：堆场厨余重箱：0　　堆场餐饮重箱：0　　船上厨余重箱：0　　船上餐饮重箱：0

处置场	集装箱类型	呼叫箱数	已分配集卡数	呼叫状态
厨余垃圾处理线	厨余箱	5	5	完成
餐饮垃圾处理线	餐饮箱	4	2	取消呼叫
500t餐饮应急处理线	餐饮箱	10	0	取消呼叫
厨余垃圾处理线2期	厨余箱	7	7	完成
餐饮垃圾处理线2期	餐饮箱	4	4	完成

图 4-31　"动态处置呼叫"界面图

4-258 问：动态呼叫集装箱箱数与实际不符时该如何操作？

答：动态呼叫是指生物能源再利用中心中控人员根据实际生成需求在系统内按需填报，系统根据"呼叫箱数"为最大需求值，在重箱桥吊处每落一个集装箱至作业集卡车辆时已分配集卡数进行"＋1"，直至已分配集卡数等于呼叫箱数，则自动完成呼叫状态。但以下情况的发生会导致系统"已分配集卡数"与实际卸料箱数不符。

① 识别错误。当视频识别错误时，也会影响卸点指令发布，可能发生以下几种情况。

a. 当识别错误的集装箱箱型为动态呼叫所需求的箱型，且实际正好为此箱型时，不会发生异常。

b. 当识别错误的集装箱箱型为动态呼叫所需求的箱型，但实际并非此箱型时，集卡驾驶员发现异常通知中控室，中控人员发布紧急指令，集卡未按错误指令作业，但已分配集卡数已"＋1"。在这种情况下，中控人员可继续追加呼叫箱数，直至满足生产需求。

c. 当识别错误的集装箱箱型为动态呼叫所需求的箱型，但实际并非此箱型时，集卡驾驶员未发现异常，继续按错误指令作业。此情况一般在卸料时被发现，集卡将停止卸料，将剩余物料运至对应处置场进行卸料。对于这种情况也可继续追加呼叫箱数，直至满足生产需求。

d. 当识别错误的集装箱箱型不是动态呼叫所需求的箱型，但实际正好为动态呼叫需求箱型时，集卡驾驶员发现异常通知中控室，中控人员发布紧急指令，但已分配集卡数未"＋1"。在这种情况下，中控人员可继续减少呼叫箱数，以防系统多送。

e. 当识别错误的集装箱箱型不是动态呼叫所需求的箱型，且实际也不是动态呼叫需求箱型时，不会发生异常。

② 集卡车辆故障。当车辆中途故障时，无法前往处置场，此时集卡驾驶员应通知中控室，调增呼叫箱数。待集卡修理完成后再通知中控，查看动态呼叫需求状态。若无需求，集卡需将集装箱带回码头进行卸箱更换作业；若有需求，则需减少呼叫箱数，以防系统多送。

③ 集卡车辆未按指令作业。当识别及卸点指令均正常时，系统内已分配集卡数"＋1"，但集卡驾驶员未按卸点指令进行作业时，导致动态呼叫集装箱箱数与实际不符，中控人员可追加呼叫箱数，直至满足生产需求。

4-259 问：**处置场履历统计数据异常如何处理？**

答："处置场履历"界面内垃圾类型是根据系统内识别信息进行匹配获取的。当智能识别发生异常时，就会导致处置场作业履历产量统计异常，可通过外部接口菜单中的"桥吊、道口 ICR"界面对集装箱箱号进行查询，在系统指令程序"生物能源处理作业记录"界面和报表管理菜单中"处置履历"界面内对错误集装箱箱号进行修复。

4-260 **问：紧急指令识别异常数据如何处理？**

答：紧急指令一般用于集卡车辆未收到作业指令时，通知中控室，由中控人员在船舶管理菜单"紧急指令"界面内发布系统指令。如图 4-32 所示，当"紧急指令"界面内集卡车号或集装箱箱号异常时，具体处理流程如下。

① 在界面内找到对应异常报告的集卡车号，若无车号，可在第一行空白处直接输入车号，根据所装载集装箱发布下一位置的作业指令。

② 可通过点击异常车号或者箱号进入"信息查看修改"界面，通过 ICR 照片对错误车、箱号或者问号车、问号箱进行人工修正。修正后系统无法主动发送指令，仍需中控人员发布下一位置作业指令，所以箱号的修正是可缺省的。只要车号修正正确，对应集卡车辆就可接收到指令，集卡进入下一轮作业时会重新进行识别，此时箱号数据即可恢复。

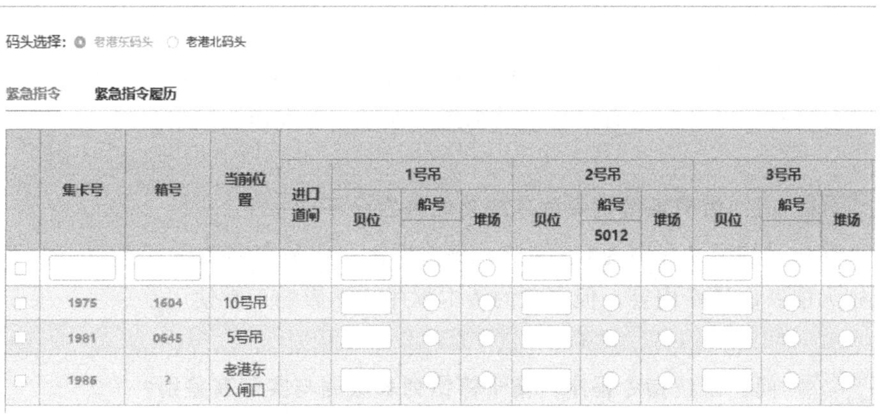

集卡号	箱号	当前位置	进口道闸	1号吊			2号吊			3号吊		
				贝位	船号	堆场	贝位	船号 5012	堆场	贝位	船号	堆场
☐				○	○	○	○	○	○	○	○	○
☐	1975	1604	10号吊	○	○	○	○	○	○	○	○	○
☐	1981	0645	5号吊	○	○	○	○	○	○	○	○	○
☐	1986	？	老港东入闸口	○	○	○	○	○	○	○	○	○

码头选择：◉ 老港东码头　○ 老港北码头

紧急指令　紧急指令履历

图 4-32　"紧急指令"界面内异常图

4-261 **问：紧急指令集卡等待队列与实际不符如何处理？**

答："紧急指令"界面中集卡等待队列显示对应桥吊待作业集卡车辆信息。如图 4-33 所示，此时 3 号桥吊下有 5 辆集卡等待作业与实际不符。首先可通过紧急指令界面右上方"刷新"功能键，查看集卡等待队列是否有集卡已完成作业，完成作业的集卡会在等待队列内自动删除。若刷新后仍有待作业的集卡，但实际没有时，可通过集卡等队列栏右上角"删除等待集卡"功能键进行删除。

集卡等待队列

序号	1号吊	2号吊	3号吊
☐ 1			LG2001
☐ 2			LG1985
☐ 3			LG1979
☐ 4			LG1988
☐ 5			LG1986

图 4-33　"紧急指令"界面内集卡等待队列异常图

4-262　问：系统指令程序无法登录如何处理？

答：系统指令程序打开后无法登录时，具体处理流程如下。

① 系统指令程序必须在骨干网内使用，必须是固定 IP，且根据 IP 开通应用权限。当无法登录时，首先检查网络使用情况，将固定 IP 地址发送给运维人员核对权限信息。

② 若网络和权限无异常，则检查登录账号、密码是否正确。

③ 在没有骨干网的情况下也可以通过连接 VPN 进行访问，VPN 为一人一账号，连接成功后可直接打卡系统指令程序，查看作业数据。

4-263　问：为何系统指令程序的功能内容会不同？

答：系统指令程序为 CS 结构，每次更新迭代后都需要重新下载，若不更新则无法获取最新内容，但之前的版本程序并不影响正常使用。

4-264　问：系统指令程序内集卡停错列表数据与实际有差别？

答：系统指令程序中"集卡停错列表"界面内统计了集卡未按空箱指令、重箱指令、卸点指令的作业信息，但当集卡驾驶员发现指令发布不合理时，由中控人员发布紧急指令。紧急指令的等级是高于系统指令的，但集卡停错列表内未统计人工发布的紧急指令，所以在对集卡进行考核时，需导出紧急指令中"紧急指令履历"界面内容进行比对。

4-265　问：系统指令程序中为何识别总数与指令总数不一致？

答：为了更清晰地查看系统指令发布情况，如图 4-34 所示，在系统指令程序中分别列出了识别系统数据和指令发布数据。识别总数与指令总数不一致的原因主要有以下情况。

① 空箱指令。集卡车辆开始作业时为空车，即没有装载集装箱，第一圈进入码头后装载重箱进行作业，所以开始作业时所有集卡都是没有空箱指令的，但在码头进口视频识别处会获取车号信息，此时识别总数就会大于指令总数。

② 卸点指令。集卡车辆完成当日作业后，卸完空箱不再装载重箱，当最后一圈出码头时集卡车辆为空车，系统不会发送卸点指令，但在码头出口视频识别处会获取车号信息，此时识别总数就会大于指令总数。

③ 识别车号错误。错误车号不在集卡车号范围内，即问号车，系统不会发送指令，但会生成识别数据。

图 4-34　系统指令程序空箱作业图

4-266　问：**为何系统指令程序中保养处理列表内历史数据箱状态与实际不符？**

答：系统指令程序中"保养处理列表"界面主要提供查询保养箱、维修箱、坏箱箱、报废箱作业空箱指令及实际作业明细数据。但在查询历史数据信息时，在"实际吊运后伸距"栏中"箱状态"有"正常"等信息，与空箱指令发送内容无法匹配，如图 4-35 所示。由于系统指令程序主要供系统实时运行提供指令数据信息，所以指令程序内"箱状态"信息都是实时集装箱的状态，当查询历史数据时，历史故障箱已修复，箱状态就为"正常"，所以与历史发送的指令内容无法匹配。

4-267　问：**数据报表无法导出如何处理？**

答：数据报表是业务运营管理的重要依据，当需要查看分析数据时，可通过系统各界面进行自定义筛查，通过"导出"功能键进行表格导出，但当数据

挑箱数	26			
	作业时间	车号	箱号	指令
1	13:57:20	1994	2495	请移动至2号吊,12贝位陆侧环箱
2	13:52:59	2006	2524	请移动至2号吊,17贝位陆侧环箱
3	13:42:32	2007	2169	请移动至2号吊,17贝位陆侧环箱
4	13:29:17	1986	0553	请移动至2号吊,19贝位陆侧环箱
5	13:13:14	1970	2073	请移动至2号吊,18贝位陆侧环箱
6	13:12:19	2006	2579	请移动至2号吊,18贝位陆侧环箱
7	12:59:03	1988	1831	请移动至2号吊,17贝位陆侧环箱
8	12:55:33	1994	1951	请移动至2号吊,17贝位陆侧环箱
9	12:53:51	1984	0651	请移动至2号吊,17贝位陆侧环箱
10	12:47:22	2006	2811	请移动至2号吊,16贝位陆侧环箱
11	12:46:58	1986	0489	请移动至2号吊,16贝位陆侧环箱

实际吊运后伸距	47					
	作业时间	箱号	全箱号	箱状态	桥吊	贝位
1	2023/2/1 13:56	2524	CTHJ2524	维修	1号吊	10	06
2	2023/2/1 13:44	2169	HJSY2169	坏箱	1号吊	12	05
3	2023/2/1 13:36	1966	HJSY1966	坏箱	1号吊	11	05
4	2023/2/1 13:34	0755	CTHJ0755	维修	1号吊	11	05
5	2023/2/1 13:31	0553	CTHJ0553	正常	1号吊	11	05
6	2023/2/1 13:22	6191	CTHJ6191	正常	1号吊	00	06
7	2023/2/1 13:15	2073	HJSY2073	维修	1号吊	00	05
8	2023/2/1 13:14	2579	CTHJ2579	维修	1号吊	00	06
9	2023/2/1 13:08	2675	CTHJ2675	维修	1号吊	00	05
10	2023/2/1 13:00	1831	HJSY1831	正常	1号吊	12	06
11	2023/2/1 12:57	1951	HJSY1951	正常	1号吊	12	05

图 4-35　系统指令程序保养处理列表图

量过大时，服务武器负载无法支持大量数据导出，系统会提示："如果导出页面空白或无响应，说明数据为空或导致数据超过 3000，请选择部分条件进行导出：例如日期，箱型等。"此时是无法对报表进行导出的，主要处理流程如下。

① 按提示再次筛选后导出。

② 将筛选条件及筛选界面内容告知运维人员，由运维人员从数据库内进行导出。

4-268　问：**系统数据与称重系统数据为何部分会不一致？**

答：系统当日报表数据采集的是称重系统地磅实时数据，由于称重系统作业环境及设备设施运行情况不同，当称重异常时会由现场工作人对数据进行实时校准，而此时系统内不会马上获取校准数据，导致当日报表数据内部分数据会有与称重系统内不一致的情况发生。而称重系统第二天 16：00 会将前一天所有审核数据再次发送，系统将以接收到的审核数据作为最终数据对所有报表统计进行覆盖，此时系统报表数据就与称重系统保持一致。

4-269　问：**桥吊、车辆驾驶员未登录系统产量如何统计？**

答：当桥吊、集卡驾驶员终端异常无法登录系统时，由中控人员进行远程登录。若驾驶员未报告或中控人员未操作远程登录，此时系统内显示该对应设备未出勤，作业人员产量统计为"未知"，具体处理流程如下。

① 桥吊驾驶员。报表统计菜单内"老港桥吊工月产量"中桥吊驾驶员未登录的情况下产量数据统计不做补偿，主要原因是桥吊驾驶员不登录终端是不

会发布集卡该桥吊作业指令的，所以桥吊驾驶员必须登录（终端登录或中控远程登录）。若桥吊驾驶员不登录系统，将不计算其作业数量。

② 集卡驾驶员。报表统计菜单内"出勤记录"中集卡驾驶员未登录的情况下产量数据统计会做未登录补偿，由于车载终端与集卡车辆之间绑定，当终端异常时无法通过更换终端立即恢复，需在后台进行 MAC 地址等进行设置，但集卡此时已开始作业。若中控未操作远程登录，系统先记录车号、班次，人员姓名内容为"未知"。当集卡终端修复完成正常登录后，系统将于 24：00 对未登录人员通过车号、班次、登录工号等信息进行补偿，但若集卡驾驶员至下班也未登录是无法进行补偿的。

4-270　问：正面吊驾驶员发现箱号异常时如何修正？

答：正面吊终端内所有数据均由人工手动录入，当驾驶员发现集装箱箱号或位置异常时，可通过"新增""删除""移位""修正"功能键进行操作。由于正面吊驾驶员在现场第一视角，所以驾驶员可在系统内对堆场集装箱箱号和位移进行操作。

4-271　问：正面吊终端为何无法删除集装箱？

答：正面吊终端可对集装箱进行"新增""删除""移位""修正"，但当被删除集装箱在系统内位于底层且上层有其他集装箱时，该集装箱是无法被删除的。若需要删除该集装箱，则先删除其上层集装箱后再删除该集装箱。

4-272　问：为何正面吊终端"好箱置入"界面无法新增集装箱？

答：对于维修、保养集装箱均由正面吊从码头堆场后伸距进行转运，正面吊驾驶员需要在终端内进行"坏箱移除"和"好箱置入"的操作。如图 4-36 所示，在"坏箱移除"时，可以按集装箱待维修内容进行不同移除，对于需要长时间维修的集装箱可通过"大修"功能键进行分类移除，普通维修保养则通过"坏箱"功能键进行分类移除。

如图 4-37 所示，当集装箱完成维修保养后，需进行"好箱置入"的操作。普通维修保养箱可在"保养"列表内进行查找，大修箱则在对应"大修"列表内。正面吊驾驶员一般作业都在"保养"列表内进行操作，当置入的集装箱为大修箱时，此时由于时间过长，驾驶员无法准确辨别集装箱的维修内容，当在"保养"列表内无法查到时，驾驶员会通过"新增"进行添加，如图 4-38 所示，会提示该箱号"已在维修区，无需新增"。

 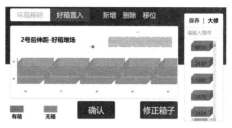

图 4-36　正面吊终端"坏箱移除"界面图　　图 4-37　正面吊终端"好箱置入"界面图

新增维修箱

维修类别：●保养　　大修
新增箱号：

0596

提示消息：0596已在维修区，无需新增

取消　确定

图 4-38　正面吊终端"新增维修箱"界面图

4-273　问：为何正面吊终端"好箱置入"界面维修区集装箱有重复箱？

　　答：如图 4-39 所示，正面吊终端"好箱置入"界面"保养"栏内有重复箱号，主要原因为集装箱在"坏箱移除"时被移除 1 次就会记录至"好箱置入"的对应作业栏中，当该集装箱进行了 2 次移除操作，而上一次"好箱置入"未进行操作，导致作业栏中存在重复箱号，当该集装箱操作"好箱置入"时，也仅可去除 1 箱，剩下的重复箱可通过"删除"功能键进行删除。

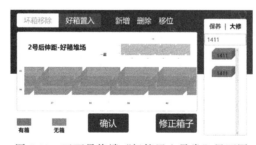

图 4-39　正面吊终端"好箱置入异常"界面图

4-274　问：系统内后方堆场的集装箱错误如何处理？

　　答：后方堆场集装箱是指由正面吊操作"坏箱移除"后系统自动删除前方堆场集装箱，并置入后方堆场内，但后方堆场在系统内没有和前方堆场一样有三维界面，只有统计列表。可通过统计追溯菜单内"堆场作业履历"界面中后方堆场内有当前集装箱记录，此界面内只可查询，无法操作添加与删除。如果系统内的堆场数据与实际不符，可通过正面吊作业履历"好箱置入"界面进行添加与删除，或由运维人员在后台进行修正。

4-275　问："集箱保养作业实绩管理"界面如何添加新配件？

答：报表管理菜单内"集箱保养作业实绩管理"界面是对已维修的集装箱作业的零部件及维修内容进行录入。如图 4-40 所示，当实际作业中添加修箱作业零部件时需要通过填写《上海生活垃圾分类运输处置管理控制系统需求申请表》（表 4-9）后由系统开发人员在后台进行修改。

图 4-40　"集箱保养作业实绩管理"录入界面图

4-276　问：系统正常运行时为什么桥吊作业履历内会出现异常提示？

答：图 4-41 所示为"桥吊作业履历"界面异常图。此界面内记录了桥吊作业所有数据信息，此异常是由于来港船只问号箱引起的，虽然桥吊作业

PLC 系统、识别系统均正常，但也会通过标记红色来进行异常提示。

	起吊					落箱			
时间	起吊箱号	船号	船船位置	集卡号	堆场位置	时间	落箱箱号	船号	船船位置	集卡号
08:18	?0028280 6	5013	04 03 01			08:22	1692			LG2010
08:17	?0028280 5	5013	04 02 01			08:17	1604			LG1975
08:16	2412	5013	04 01 02			08:16	1955			LG1990
08:14	?0028280 4	5013	05 01 01			08:15	2061			LG1978
08:13	?0028280 3	5013	05 02 01			08:13	1605			LG1982
08:11	?0028280 2	5013	05 03 01			08:12	6147			LG1984
08:09	?0028280 1	5013	08 03 01			08:10	6205			LG2004
08:08	?0028280 0	5013	08 02 01			08:09	0475			LG2010
08:07	?0028279 9	5013	08 01 01			08:07	2412			LG2002

图 4-41　"桥吊作业履历"界面异常图

4-277　问：为什么桥吊作业履历只有半条数据？

答：桥吊作业履历只有半条数据有以下几种情况。

①"桥吊作业履历"界面图如图 4-42 所示。桥吊作业由一起一落组成一组数据，即"卸船"起吊集装箱，"装车"装卸集装箱，完成后组成"卸船装车"一组数据。当桥吊作业已起吊集装箱，但还没落箱到集卡车上时，作业履历内只有前半部分数据，当集装箱落箱后会组成一条数据，此时也不会出现红色异常提示。

作业类型	空重类型	起							
		时间	起吊箱号	船号	船船位置	集卡号	堆场位置	时间	落箱箱号
卸船		15:43	0411	6009	03 01 01				
卸船装车	重箱	15:42	2612	6009	03 02 01			15:43	2612
卸船装车	重箱	15:41	1965	6009	03 03 01			15:41	1965
卸船装车	重箱	15:39	2425	6009	03 03 02			15:40	2425
卸船装车	重箱	15:38	0426	6009	03 02 02			15:39	0426
卸船装车	重箱	15:37	1453	6009	03 01 02			15:37	1453
卸船装车	重箱	15:35	0565	6009	05 01 01			15:36	0565
卸船装车	重箱	15:34	2052	6009	05 02 01			15:34	2052
卸船装车	重箱	15:30	2569	6009	05 03 01			15:33	2569

图 4-42　"桥吊作业履历"界面图

② 视频识别异常。在船舶装卸箱作业和码头堆场作业切换时，由于桥吊前伸距集装箱前箱号、后箱号、侧箱号和车顶号识别的摄像机均为球机，此时无法及时转动至有效识别区域，在作业履历中仅半条"落箱"数据。

③ PLC 异常。当 PLC 发生异常时，与视频识别异常结果相反，在作业履历中仅有半条"起吊"数据。

4-278 问：为什么桥吊作业履历起吊和落箱箱号不同但进行异常提示？

答：重箱桥吊作业履历起吊箱号为靠泊重船船载分布内的集装箱对应箱号，落箱箱号为智能识别系统识别数据，此时若起吊和落箱箱号不是非问号箱（问号箱会进行异常提示），但起吊箱号和落箱箱号不一致时，系统不会进行异常提示，系统以识别到的落箱箱号为准，因为在各识别环节桥吊处识别率最高。空箱处起吊和落箱箱号均采用为视频识别数据结果。

4-279 问：如何去除筛选内容？

答：以桥吊作业履历为例，当在桥吊作业履历对船号或集卡车号进行筛选时，只可进行勾选，完成查询时无法对勾选内容进行清空，此时需通过右上角"刷新"功能键对此页面进行刷新后才可把自定义筛选内容去除。其他界面均可通过"刷新"或者"重置"功能键一键将筛选内容进行清空。

4-280 问：为何集装箱流转跟踪界面数据会有缺失？

答：统计追溯菜单内"集装箱流转跟踪"界面是统计集装箱从前端集压、中端转运到末端处置的所有数据，主要依靠智能识别系统在各环节的识别，但受识别异常的影响，当识别错误时，这些过程数据就会有缺失。

4-281 问：为什么系统内来港及返箱集装箱统计会有误差？

答：来港集装箱统计可通过报表管理菜单"月看板"界面内进行查询，返箱统计可在中控调度管理菜单"返箱履历"界面内进行查询。但这些统计会由于船舶集装箱装载分布异常而产生误差，如缺箱时来港及返箱会缺少集装箱，当装载分布内有问号箱时候，系统默认问号箱箱型为箱型数量占比最大的水平干垃圾箱，也会导致统计异常。所以正确的船舶集装箱装载分布是非常重要的，这是整个作业流转跟踪、生产计划指定的依据。

4-282 问：为什么"需求管理"界面新增完成后无法删除？

答：中控调度管理菜单"需求管理"是系统故障报修界面，可全程管理跟踪报修事件，有报修、处理、反馈、结案功能。但新增需求后是不能进行删除的，只能作废，是因为每一条故障需求报修都是重要依据，为了保障系统使用完整性，及对系统运维的有效考核，只可对异常需求进行作废，不能删除。

4-283 问：为什么"需求管理"界面内图片附件上传失败？

答：中控调度管理菜单"需求管理"界面内新增需求明细时，为了更好地描述故障发生情况，可通过上传异常截图或照片作为附件，但当操作不当时会发生上传失败，主要原因为操作顺序错误，具体操作流程如下。

① 先填写具体需求明细。

② 填写完成后，先点击"保存"键，若不保存是不能上传附件的。

③ 保存完成后，可对附件进行上传，若此时已点击"提交一线"或"提交二线"，就会发生如图 4-43 所示的异常，若仍需上传附件，需先"取消提交"，取消后即可上传附件。

④ 附件上传完成后，根据需求明细对应操作"提交一线"或"提交二线"，即可完成故障需求新增。

图 4-43　"需求管理"界面中附件上传失败界面图

4-284 **问：为什么集卡单车耗时统计会出现异常数据？**

答：报表管理菜单内"出勤记录"界面中，统计了每一个集装箱的作业信息，包括日期、车号、箱号、箱型、人员（集卡驾驶员姓名）、班次、线路、单箱耗时（min）、箱重、箱貌。其中单箱耗时会出现异常数据，主要原因如下。

① 无数据。一般为作业最后一圈，此时集卡不带箱作业，需空车返回停车场。

② 超时严重。中午午餐时，有部分集卡将带空箱返回停车场，待下午再返回码头进行空箱吊装，此时由于午休期间一直未返回码头，所以单箱耗时超时严重。

4-285 **问：关闭保养箱挑选为什么会发送异常提示指令？**

答：系统内集装箱保养挑选是通过桥吊自定义设置的，可在"三维码头"界面内设置开启作业保养箱的桥吊，在"桥吊信息报告"内勾选"是否处理空箱（坏、保养、报废）桥吊"，勾选后该桥吊就会收到坏箱、保养箱、报废箱的空箱作业指令。若该桥吊需要关闭异常箱的作业，通过去除勾选确定后，该桥吊就不会再收到挑选指令。但当所有桥吊都不设置"是否处理空箱（坏、保养、报废）桥吊"时，集卡装载坏箱、保养箱、报废箱时就会提示"未找到处理保养箱、坏箱的桥吊，请联系中控"的提示指令，所以挑选桥吊必须要设置一个挑选吊桥，当今日不需要挑选保养箱时，可如图 4-44 所示进行设置，当挑选桥吊保养箱限额设置为 0 时，此时就不会再发送保养箱指令。

图 4-44　"桥吊信息报告"设置界面图

4-286 问：为什么"桥吊道口 ICR"界面处置标志原始就无法打开图片？

答：外部接口菜单"桥吊道口 ICR"界面内的数据，其中"处置标志"分为原始和应用读取，当标志为"原始"时系统异常读取失败，所以对应行的集箱照片和集卡照片也是无法打开的。

4-287 问：为什么"桥吊道口 ICR"界面中会有非作业车辆信息？

答：外部接口菜单"桥吊道口 ICR"界面内显示所有识别到的数据，当非作业车辆在识别区域经过时也会生成一条数据，若需去除需勾选"仅作业车辆"后进行查询，如图 4-45 所示。若勾选后仍有非作业车辆信息，则需检查车辆管理菜单"码头非作业车辆维护"界面内是否已添加此车辆。若未添加，需通过"车辆维护"界面内"新增"功能键进行添加。

桥吊道口icr

| 基地： | 码头： | 日志类型： | 集装箱号： | 集卡车号： |
| 处置标志： | 对象名称： | 作业日期时间： | 至 | 查询 点检 重置 |

☐ 仅作业车辆

对象名称	日志类型	ip地址	作业日期时间	集装箱号	集卡车号	读取时间	处置标志	集箱照片	集卡照片
老港东入闸口	道口	010	2023-02-01 13:51:11	CTHJ1788	LG1988	2023-02-01 13:51:11	应用读取	查看图片	查看图片
老港东出闸口	道口	012	2023-02-01 13:50:37	CTHJ2680	LG1981	2023-02-01 13:50:37	应用读取	查看图片	查看图片
老港东入闸口	道口	010	2023-02-01 13:50:18	CTHJ6043	LG1992	2023-02-01 13:50:19	应用读取	查看图片	查看图片
老港东入闸口	道口	010	2023-02-01 13:49:51	CTHJ2164	LG1990	2023-02-01 13:49:52	应用读取	查看图片	查看图片
老港东#4	桥吊	104	2023-02-01 13:49:40	CTHJ2680	1981	2023-02-01 13:49:41	应用读取	查看图片	查看图片
老港东入闸口	道口	010	2023-02-01 13:48:56	CTHJ6045	LG1966	2023-02-01 13:48:57	应用读取	查看图片	查看图片
老港东#3	桥吊	103	2023-02-01 13:48:52	CTHJ6194	1981	2023-02-01 13:49:07	应用读取	查看图片	查看图片
老港东入闸口	道口	010	2023-02-01 13:48:21	CTHJ6194	LG1981	2023-02-01 13:48:22	应用读取	查看图片	查看图片
老港东出闸口	道口	012	2023-02-01 13:47:14	CTHJ6088	LG2007	2023-02-01 13:47:15	应用读取	查看图片	查看图片

图 4-45　"桥吊道口 ICR"界面图

4-288 问：为什么"桥吊道口 ICR"界面中对应行打开的照片与实际不同？

答："桥吊道口 ICR"界面提供了智能识别系统的每一条数据，可通过选择"集装箱照片""集卡照片"查看对应数据行识别图片，但在查看图片资源时由于网络卡顿等异常导致连续打开不同数据行显示相同一张照片，此时刷新"桥吊道口 ICR"界面即可恢复。

4-289　问：为什么"桥吊道口 ICR"界面集装箱照片会是不同面的？

　　答：智能识别系统在识别集装箱的同时对前箱号、侧箱号、后箱号 3 面同时进行识别，在"桥吊道口 ICR"界面内查看集装箱图片时，会出现不同面的箱号，因为在识别过程中各个面的箱号会进行对比，若系统判定该面箱号识别清晰度最佳，在查看集装箱照片时就会展示出来。如果需要查看其他面的箱号照片，也可通过照片下面左右箭头进行切换查看。

4-290　问：为何企业微信小程序数据和系统内称重数据不同步？

　　答：企业微信小程序的各作业流程数据是取自本系统的，如集装箱位置、船舶靠泊作业、桥吊作业数据信息等。企业微信小程序的称重数据取自全程分类系统，而系统内的称重数据取自称重系统。全程分类系统的称重数据也是源于称重系统的，但是企业微信小程序内的并不是实时数据，有 20min 延迟，所以在同时查看企业微信小程序数据和系统内称重数据时，因为时间差异会有部分不同。

4.2.3　其他方面

4-291　问：修改或新增权限后打开异常如何处理？

　　答：如图 4-46 所示，当账号权限修改或新增后，打开"修改"界面或"新增"界面时会出现"404"异常，此时可清除浏览器缓存后重新登录，即可打开该界面。

4-292　问：VPN 无法连接时如何处理？

　　答：系统需要通过骨干网专网进行访问，在没有专网的情况下可以通过 VPN 进行连接，当 VPN 连接异常时候，具体操作如下。

　　① 检查本机网络，是否可以正常上网。

　　② 检查 VPN 登录账号、密码是否正确。

　　③ 根据 VPN 安装操作手册，检查远程网关地址和端口是否正确。

　　④ 如果有异常提示，可根据异常提示代码在操作手册内寻找相应的解决方案。

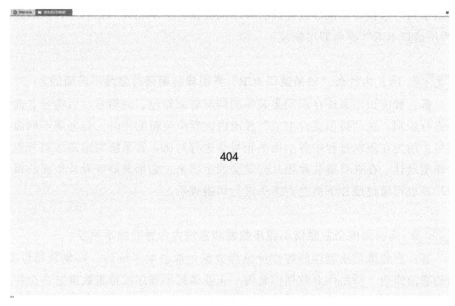

图 4-46　异常界面图

4-293 问：故障报告超出运维响应时间如何应急处理？

答：系统发生异常时可通过中控调度管理菜单内"需求管理"界面进行报修，当故障报告无法及时处理时，应召开线上或线下会议，商讨合理的解决问题方案。

① 可以确定故障异常原因但无法及时处理。如无备件，这种情况下判断备件什么时间能到达或者寻找替代设备临时性暂代使用。

② 未知异常故障原因。对于未知的异常原因首先判断是软件故障还是硬件故障，根据对应故障召开紧急会议研究，分析排查故障原因，提出故障处理方案。

第5章

上海市生活垃圾分类运输处置管理控制系统应用成效

5-294 问：系统船舶管理模块有哪些功能？

答：通过船舶管理模块打破了上下游作业码头之间的信息壁垒，实现了"垃圾去哪了？"的分类集装箱精准定位查询，通过数据的互通，管理层可以实时、准确获取全面的业务信息，为运营管理提供重要依据。系统通过GPS定位电子围栏技术，自动生成船期及泊位计划，自动发布船舶精准作业指令，实现了从传统对讲机到智能终端作业模式的升级，这是对调度联络方式本质的改变，为精益生产管理奠定了坚实的基础。

5-295 问：系统中控调度管理模块有哪些功能？

答：中控调度管理模块是整个系统最重要的"大脑"部分，从生产安排、设备出勤、作业监督、指令调度、应急处置，通过各环节的数字化管理，统一管控分类垃圾转运处置整体流程，实现了作业标准化、业务自动化、流程清晰化，为构建智慧管理体系提供了有效的支撑。

5-296 问：系统集装箱管理模块有哪些功能？

答：集装箱的保养、维修是生产运营的基础保障工作，以往集装箱的挑选均需人工作业，现场人员信息匮乏、作业效率低下。系统完成了所有集装箱箱号、箱型、箱数、箱重等数据的采集，并统计每个集装箱周转频率、保养日期、故障维修等内容，支持集装箱流转分布查询，还建成了集装箱检维修一体化指令体系，代替了传统的现场人工挑选，形成了统一、可靠的精细化管理流程，加强了集装箱全生命周期管理能级。

5-297 问：系统报表分析模块有哪些功能？

答：系统报表分析模块是生产资源实时共享互联的重要体现，是对作业动态和生产运营全方位的统计。通过作业数据采集、大数据分析，建立相应管理考核机制，规范化、标准化生产作业，逐步驱动业务改善，形成流程再造，从而提升运营联动效率，最终达到精益运营、降本增效的目的。

5-298 问：企业微信小程序有哪些功能？

答：为管理者实时提供一个便捷平台，快速查看各环节生产进度、环境输出、作业产量、运行趋势、预警等信息，为应急指挥调度提供了重要的指导作用。

5-299 问：通过系统应用在安全方面起到了哪些作用？

答：① 作业安全。系统将作业规范融合安全管理理念以信息指令形式发布给作业人员，以此优化规范生产作业流程和工作制度。在关键作业环节主动提醒，通过数据采集和云计算，提前规划生产作业指令策略，有序发布海侧和陆侧的作业车道，在跨车道作业时对集卡发出"前方桥吊正跨车道作业，请耐心等待"的语音提示。该模式有效减少了作业过程中的安全隐患，提升了安全作业规范率，进一步促进安全和效率的融合应用。

② 环境安全。对监测数据的在线直观展示、灵活联动观测，超出范围报警提示，形成智慧、环保、全方位管理体系，并在数据大屏和企业微信小程序等进行展示。

5-300 问：通过系统应用如何为现场作业人员"减负"？

答：通过应用全流程智能调度系统对船舶、桥吊、集卡下达精确作业指令，代替了传统对讲机调度模式，减轻现场作业指挥人员的工作量。通过资源匹配和科学合理的设计，消除了以往作业的信息不对称，减少了集装箱调度管理上的短板，实现了整体作业单元的智慧协同。特别是系统可支持有目性的返箱控制和动态呼叫，在多目标、多约束中平衡选择，有效调节三个前端物流码头之间箱型失衡和末端卸点拥堵的问题，从单点离散性生产转向多点协同生产，这是靠人工指挥无法实现的精益生产模式。

5-301　问：**系统管理大屏有哪些功能？**

答：通过大屏打通了全程信息流，包括前端物流作业、船舶转运、末端处置及产出物等各类生产数据，还对环境监测数据、设备设施使用情况进行直观展示，实现"一屏观、一屏管"的新型管理模式。另外，生物能源再利用中心、渗沥液处理厂、填埋场等工艺流程图中接入了各处置点的关键生产、环境、设备等信息，将生产要素和作业数据融合，管理者可直观掌握各处置点位作业信息。

.

参考文献

[1] 周海燕，钱春军，张美兰.生活垃圾集运及设备维修 300 问 [M].北京：化学工业出版社，2013.

[2] 张美兰，黄皇.大型固废基地垃圾渗沥液处理与运营管理 300 问 [M].北京：化学工业出版社，2020.

[3] 陈跃卫，周海燕.大型固废基地湿垃圾资源化处理与运营管理 300 问 [M].北京：化学工业出版社，2022.